常见珠宝玉石
简易鉴定手册

云南省珠宝玉石质量监督检验研究院 主编

主　编：　邓　昆

副主编：　王剑丽

编　委：　白晨光　向永红　林宇菲

　　　　　李　贺　张汕汕　戴莹滢

　　　　　心生笔

U0321953

YNK 云南科技出版社

·昆明·

图书在版编目（CIP）数据

常见珠宝玉石简易鉴定手册 / 云南省珠宝玉石质量
监督检验研究所编著. -- 昆明 ： 云南科技出版社，
2011.9 （2024.3重印）
　　ISBN 978-7-5416-4865-6

Ⅰ. ①常… Ⅱ. ①云… Ⅲ. ①宝石－鉴定－手册②玉
石－鉴定－手册 Ⅳ. ①TS933-62

中国版本图书馆CIP数据核字(2011)第194266号

责任编辑：王　韬
　　　　　邓玉婷
特邀编辑：杨　钊
整体设计：晓　晴
责任校对：叶水金
责任印制：翟　苑

云南科技出版社出版发行
（昆明市环城西路609号云南新闻出版大楼　邮政编码：650034）
昆明亮彩印务有限公司印刷　全国新华书店经销
开本：787mm×1092mm　1/32　印张：5.5　字数：110千字
2011年9月第1版　2013年2月第2版　2024年3月第5次印刷
定价：25.00元

目录 CONTENTS

卷首 / 1

珠宝玉石说 / 2

翡翠 / 7

水边飞去青难辨，竹里归来色一般

钻石 / 33

天地合，乃敢与君绝

红宝石和蓝宝石 / 46

日出江花红胜火，春来江水绿如蓝

祖母绿 / 53

终朝采绿，不盈一掬

海蓝宝石 / 58

嫦娥应悔偷灵药，碧海青天夜夜心

欧泊 / 62

更吹落，星如雨

碧玺 / 68

斑斓盒中彩，婀旎头上生

尖晶石 / 74

天生丽质难自弃，一朝选在君王侧

托帕石 / 78

娉娉袅袅十三余，豆蔻梢头二月初

石榴石 / 83

眉黛夺将萱草色，红裙妒杀石榴花

月光石 / 88

青光淡淡如秋月，谁信寒色出石中

橄榄石 / 92

时光辗转，神采凝驻

软玉 / 97

投我以木桃，报之以琼瑶

金绿宝石 / 104

坦桑石 / 110

岫玉 / 114

葡萄石 / 117

菱锰矿 / 120

紫龙晶 / 123

绿松石 / 126

青金石 / 130

水晶 / 134

玛瑙 / 140

黄龙玉 / 145

硅化木 / 150

珍珠 / 155

珊瑚 / 160

象牙 / 165

黑曜岩 / 170

卷尾 / 172

卷首 JUANSHOU

但凡说起珠宝玉石，大都令人联想到美人与诗。

《羽林郎》里"头上蓝田玉，耳后大秦珠。两鬟何窈窕，一世良所无"当垆卖酒的胡姬，《孔雀东南飞》里"头上玳瑁光，耳著明月珰"的刘兰芝，"金钿明汉月，玉箸染胡尘"的王昭君，还有《长恨歌》里"花钿委地无人收，翠翘金雀玉搔头"的杨玉环……佳人之无双、诗词之韵味、宝石之璀璨，三者共同绘就了一幅永不褪色的画卷，在人们心中留下对美的无尽遐想与回味。

宝石于人，是需要缘分的。你识得它，赏得它，未必能拥有它；而拥有它之人，又未必识得深刻、赏得透彻。于是宝石与人之间，除却认知与认可这样理性的情感外，便还有了一层刹那交错或恒久相伴那玄而又玄的机缘。难怪总有那么多宝石与人的动人故事，"和氏璧"、"随侯珠"的传奇，"海洋之心"的莫测，慈禧太后死后口中所含夜明珠的神秘，物与人的命运相连，宝石似乎也有了绚丽的生命。

宝石于诗，是有天然默契的。从古至今，有多少赞美宝石的诗词流淌于文人墨客笔下。宝石珍贵的品质、连城的价值、深厚的内涵以及熠熠的灵气，触动了诗人的灵感，借由文字的优美，引发一场人类精神与宝石的共鸣。那些经久不衰的诗文，有着与宝石相得益彰的默契。

现借中国古典诗词佳句和传说故事，映照珠宝玉石之丰富内涵与百态千姿，同时从专业的角度提供了解、鉴定、选购、收藏珠宝玉石的相关知识，与您一同识美、鉴美、藏美，于诗意流光中共赏人间珍奇。

珠宝玉石说

蕴天地灵气，纳日月光华

  悠悠华夏文明中，珠宝玉石占有不可忽视的地位。国人认为，宝石乃是蕴藏天地灵气、吸纳日月光华所成的灵物，人们对宝石的理解，不仅在它们美丽的外表，更为其赋予深厚内涵，从识别、鉴定、收藏、加工、创作等各方面，以独到的见解与艺术创作，写下了宝石在中华文化中的璀璨篇章。

  宝石在人们心里有着各种吉祥或特定的含意，进而有不同的用途。比如玉石象征着平和、祥瑞、品性高洁，帝王的玉玺、达官贵人的房中摆设和精致华美的工艺品中，它们都是重要的材料；珍珠象征女子之美，妃嫔宫娥的花冠上、民间女子的发钗间，或多或少，都可见它们的光芒；青金石象征尊贵的地位与权力，用以制作帝王随葬的祭器或点缀于朝廷官员的朝服和顶戴之上。

几千年来民间以宝石为材料，能工巧匠们创作打造出了许多精美的艺术品。殷商时期的嵌绿松石象牙杯，唐代兽首玛瑙杯，清代乾隆年间的《大禹治水玉山子》大型玉雕……它们体现了中国民间精湛的雕刻技艺和古老的宝石文化。如今，这种技艺与文化得到了延续和更为广泛的发展。

总之，不论是流传千百年的珍贵文物，还是符合潮流的时尚首饰，不论是艺术大师之名家名作，还是民间工匠的匠心独具，宝石的内涵与形式，都跨越了国界与民族，穿越了时间与空间，在人们心中，闪烁着不灭的美好与永恒的追求。

翡翠 | 钻石 | | 祖母绿 | 海蓝宝石 | 金绿宝石 | 欧泊 | 碧玺 | 迦桑石 | 尖晶石 | 托帕石 | 石榴石 | 月光石 | 橄榄

识美——什么是珠宝玉石

珠宝玉石泛指一切经过琢磨、雕刻后可以成为首饰或工艺品的材料，是对天然珠宝玉石和人工宝石的统称，简称宝石。

鉴美——珠宝玉石的基本属性、分类与优化处理

一、珠宝玉石基本属性

（一）美丽

美丽是成为宝石的首要条件。

1. 颜色

宝石的颜色有彩色和无色之分。彩色宝石要求其颜色艳丽、纯正、均匀。无色宝石（钻石除外）的颜色就不是主要的评价因素。钻石则有其本身的一套颜色分级体系。

2. 透明度和纯净度

宝石的透明度会影响整体价值。尤其是无色宝石，透明度和纯净度是体现宝石美丽的最主要因素。

3. 光泽

无色的钻石之所以成为宝石之王，就是因为它具有极强的光泽，在太阳光下光芒四射，灿烂夺目。而某些宝石的特殊光泽也为其增添了美丽，例如珍珠。

4. 特殊光学效应

特殊光学效应会增添宝石的神秘感，使其具有特殊的美感，如猫眼效应、星光效应等。

（二）稀少

宝石以产出稀少而名贵。这种稀有性，包括品种上的

4

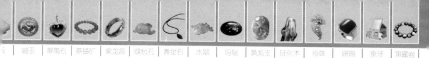
稀有和质量上的稀有。

（三）耐久

宝石不仅应绚丽多彩，而且需要经久不变，即具有一定的硬度、韧性和化学稳定性等。宝石的耐久性是由自身稳定的物理化学性质所决定的，但这一条件对某些宝石可适当放宽，如有机宝石、大理岩等。

作为宝石或宝石的一个品种，并不一定要求它在美丽、耐久和稀有这三个方面同时都是最佳或最为突出的。往往它的一两个方面比较突出就可以视为宝石，只不过在价值上会有所差异。

另外，宝石的价值除与本身的品质有关外，也会随时间、地域、文化、审美观念和资源储量及当时经济环境等等因素的变化而变化。

二、珠宝玉石的分类

1. 天然宝石：由自然界产出，具有美观、耐久、稀少

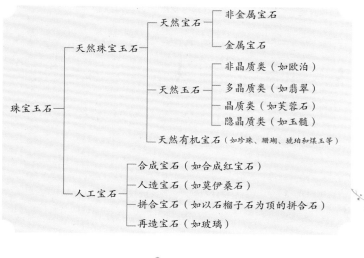

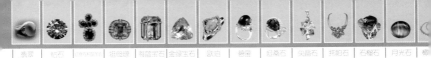
性，具有工艺价值，可加工成饰品的矿物单晶体（可含双晶）。

2. 天然玉石：由自然界产出，具有美观、耐久、稀少和工艺价值的矿物集合体，少数为非晶质体。

3. 天然有机宝石：由自然界生物生长，部分或全部有机物组成，可用于首饰及装饰品的材料。

4. 合成宝石：完全或部分由人工制造且自然界有天然对应物的晶质或非晶质体。其物理性质、化学成分和晶体结构与对应的天然珠宝玉石基本相同。

5. 人造宝石：由人工制造，但自然界中无天然对应物的晶质或非晶质体。

6. 拼合宝石：由两块或两块以上的材料经人工拼合而成，且给人以整体印象的珠宝玉石。

7. 再造宝石：通过人工手段将天然珠宝玉石的碎块或碎屑熔接或压结成具整体外观的珠宝玉石。

三、优化处理

优化处理：指除切磨和抛光以外，用来改善珠宝玉石的外观（颜色、净度、特殊光学效应）、耐久性和可用性的一切方法。分为优化、处理两种。

优化：指传统的、被人们广泛接受的，能够把宝石潜在的美显现出来的优化处理方法。

常见优化方法：热处理、浸无色油、浸蜡（翡翠除外）、漂白（翡翠除外）、染色（玉髓、玛瑙）。

处理：指非传统的、尚未被人们接受的优化处理方法。

常见处理方法：浸有色油、充填处理、辐照处理、除玉髓和玛瑙之外的染色处理、覆膜处理等。

翡翠

水边飞去青难辨，
竹里归来色一般

她是玉中君子，

以温润内敛的品性，

盈翠欲滴的相貌，

以及出身东南亚的独特文化与风情，

自古以来深受人们喜爱。

虽然来自民间，

却常伴王侯将相、达官显贵左右，

被誉为"玉石之冠"、"东方之宝"。

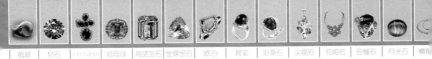
翡翠，历经明、清、近代、现代，现在已经发展成为中华文化圈中的主流玉石品种。翡翠，因其瑰丽的美观特征，优越的耐久性，特别是产地的唯一性所导致的稀缺性，正在越来越多地受到社会各个阶层人们的喜爱。

翡翠崭露头角的时期为明末清初，之后由于乾隆、慈禧的喜爱以及王公贵族们的追捧一跃取代了和田玉数千年的王者地位成为了玉中之王，并美其名曰：皇家玉、帝王玉。1790年，乾隆80大寿时，云南统治者向朝廷进贡的翡翠戒面还保存至今。

图1-1　　清朝王室和翡翠

识美——翡翠的基本特征

矿物名称	化学成分	颜 色	光 泽	透明度
以硬玉为主的矿物集合体	$NaAlSi_2O_6$	白色，各种色调的绿、黄、红橙、褐、黑、紫等	玻璃至油脂光泽	透明–不透明

折射率	相对密度（g/cm^3）	硬 度	放大观察
点测1.66	3.34	6.5～7	纤维交织结构，可见"翠性"，黑色固体包裹体，白色絮状物等

鉴美——翡翠的简易鉴定方法

翡翠的"假货"主要有两种：非翡翠的其他玉种仿翡翠，经过处理的翡翠仿天然翡翠。

对于非翡翠的其他玉种仿翡翠可通过如下手段进行快速区分

（1）翠性又叫"苍蝇翅"。是指在未抛光翡翠表面，对光反射后表现出的像苍蝇翅膀一样的片状反光。这种现象在玉石大家族中翡翠和大理石多见而其他玉种较少出现。（如图1–2）

图1-2 黑圈处就是未抛光翡翠的翠性（苍蝇翅）

9

（2）翡翠的密度在常见玉石中是比较高的，所以以同体积下翡翠的重量会比其他玉石要重。因此把翡翠饰品拿在手中感觉很有质感，会有沉甸甸的"打手"或"压手"的感觉。初学者可选择价格较为低廉的"片料"（小块的翡翠毛料）（如图1-3）带在身边感受"手感"，进行对比。这种"片料"能起到类似标准物质的作用。

↗ **图1-3** 各种大小的翡翠片料

（3）看光泽：翡翠因其硬度、折射率、结构等原因表现为油脂—玻璃光泽（如图1-4）。而其他玉种多表现为油脂及油脂以下的略弱的光泽（如图1-5）。

↗ **图1-4** 翡翠表面较为明亮的玻璃光泽

图1-5 岫玉表面较为暗淡的蜡状光泽

（4）辨结构：不论是成品还是半成品，在透射光下，翡翠中质地细腻者的结构表现为类似过饱和食盐水中微小颗粒集合的形态，质地较粗的表现为小颗粒的"冰霜"集合状的形态，介于二者之间的表现为纤维状（线团状）的形态，而其他玉种较少出现以上形态。（如图1-6,图1-7）

图1-6 翡翠观音躯干部分过饱和食盐溶液的感觉，左侧佛光处冰霜状的感觉以及莲花座处纤维状的感觉。

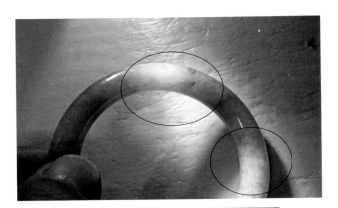

图1-7 质地较粗的翡翠手镯所表现出的大颗粒的冰霜状的结构

（5）防"近似"：大多数其他玉种在视觉上与翡翠是很容易区分的，但是有几个品种与翡翠极为相似，要作为重点来防范。它们主要有：绿色独山玉、透明钠长石玉、透明石英质玉等。但是仍旧可以通过如上的方法进行快速识别。（如图1-8,图1-9,图1-10）

图1-8 独山玉仿翡翠，油脂光泽，绿色分布均匀，结构致密

图1-9 钠长石玉仿翡翠，手掂重轻，敲击声音沉闷，结构致密

图1-10 石英质玉仿翡翠，内部结构空，缺少翡翠独有的"韵味"，手掂重量感轻，色调木讷

　　目前市面上常见的手段为"翡翠漂白充填处理"（俗称"B货"）、"翡翠染色处理"（俗称"C货"）。经过处理的翡翠仿天然翡翠：

　　（1）看光泽：天然翡翠表现出了油脂–玻璃光泽（光泽比较明亮），而经过处理的翡翠多表现为蜡状光泽（似蜡烛表面的光泽，比较黯淡）（如图1-11）。

导向根状的酸蚀网纹

色漂泽无明显色根

图1-11 未经过处理的为玻璃光泽（左图），经过处理的呈现蜡状光泽（右图）

（2）辨颜色

天然翡翠的颜色与自然界中的山川河流、花草树木接近。而人工染色的不自然，直观观察多表现为发邪的蓝绿色，放大检查染色为丝网状。

▷ **图1-12** 染色翡翠发邪的蓝绿色（左）未处理翡翠自然的绿色（右）

（3）查表面

经人工处理的翡翠因为工艺的原因在成品表面大多表现出腐蚀过的痕迹。形如龟裂的土地。如图1-12。

藏美——翡翠的选购（翡翠的质量等级评价）

1. 看种（看质地）： 有两种方法，一个是看翡翠表面的反光，反光越强的证明质地越好。一个是用透射光看内部，颗粒越小越细腻同样也能证明质地越好。

2. 看水（看透明度）： 在翡翠与光线之间放一个遮挡物通常可以使用手指，将遮挡物晃动，敏感变化越明显，甚至可以看到遮挡物的形状以及颜色的翡翠透明度就越好。

3. 看色: 主要是看色的种类和覆盖面的大小。从色的种类讲,翠色(植物的绿色)为最佳,其他依次为墨绿色、紫罗兰色、艳黄、蓝花、浅紫罗兰、浅黄、灰色系列,值得注意的是尽量不要选择灰色系列,行内有"宁买无,不买灰"的说法。至于颜色的覆盖面当然是越大越好了。

4. 看工: 在常见雕刻工艺中珍贵程度的顺序为:人物工、动物工、花鸟鱼虫工、山水工、写意山水工。其中,在鉴赏人物工时重点看人物的面部表情的刻画,这就是所谓的"开脸"。动物工主要观察动物的形体特征。花鸟鱼虫工与山水及写意山水工主要考察其意境、谐音、寓意等。

5. 看瑕: 就是寻找瑕疵,主要是注意瑕疵的大小、形状、颜色、位置等。通常——瑕疵越小、形状越圆润、颜色为浅色系、位置不在人物面部、不在主题区域、不在关键部位就越好。

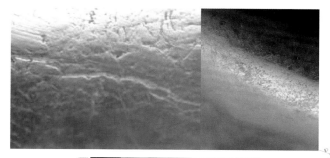

图1-13　人工处理翡翠10倍放大后看到的表面

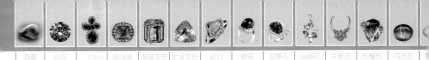
6．看综合印象：主要是考察翡翠的文化价值其中包括整体颜色搭配的意境、大师雕刻的意义、反映的历史典故、做工的难易程度、工艺的效果等，类似体育比赛中——比如跳水、体操等综合印象的感觉，两个技术动作都完成的基本一致的运动员，他们最终留给观众或评委的感觉还是不同的。

7．六个方面看哪个更重要：从六个看翡翠的角度中按影响价值的重要性来划分依次为：看色、看水、看瑕、看综合印象、看种、看工。

8．翡翠综合评价结论：最后，根据"种"、"水"、"色"、"工"、"瑕"、"综合印象"的具体情况再按照权重的思想进行综合汇总就可以得出一件翡翠制品在翡翠大家族中的级别了。

归结起来，种、水、色、瑕四个方面主要考察翡翠的天然品质，而工艺、综合印象主要考察翡翠的人文价值。

专业的技术法规《翡翠饰品质量等级评价》（云南省地方标准）有关翡翠质量等级的规定比较容易让消费者认识、理解、掌握、运用。

（一）翡翠饰品的五档十二级

虽然，民间"有千种玛瑙，万种玉"的说法，但是研究人员发现从翡翠饰品美丽、耐久、稀少、可接受性这四个特性的综合质量效果上来讲，看似不同的翡翠饰品实际上在综合质量效果上是相近的。同时，具有同种相近度的"群"会与另外一个具有同种相近度的"群"形成明显的综合质量效果的梯次。那么，把这种相近度结合市场规律进行限定，命名就产生了翡翠的质量等级（见表1–1）

表1-1 翡翠饰品质量分级及表示方法

质量等级（Quality Grade）		等级代号	对应分值，分
上品（Top Grade）	一级	TG1	900～1000
	二级	TG2	800～899
	三级	TG3	700～799
珍品（Treasure）	一级	T1	650～699
	二级	T2	600～649
	三级	T3	550～599
精品（VeryGood）	一级	VG1	500～549
	二级	VG2	450～499
	三级	VG3	400～449
佳品（Good）	一级	G1	350～399
	二级	G2	300～349
	三级	G3	250～299
合格品（Qualified Feicui）	不分级	——	——

各等级对应标样图示见（五）附图所示。

（二）5+1个要素之间的关系——权重规律

既然，种、水、色、工、瑕、综合印象的"合效果"构成了翡翠的质量等级，那么每个要素在构成"合效果"的过程中到底起到了多大的作用呢？各占多少比例呢？

云南省珠宝质检研究院技术攻关小组经过对十年鉴定数百万件翡翠类饰品的经验分析、归纳、总结后发现，这六个要素中每个要素的最大值（此要素在最好品质的情况下）占"合效果"中的比例是相对恒定的具体的值。

例如：假设世界上有一件翡翠 ，其种、水、色、工、瑕、综合印象都无可挑剔，达到了极致，是100%好的东西。其中，质地的影响则会占6%，透明度的影响则会占12%……依次类推（见表1-2）。

表1-2 翡翠饰品质量等级评价评分权重构成

项目	颜色（色）	透明度（水）	净度（瑕）	质地（种）	工艺（工）	综合印象	总计
权重（%）	40	26	12	6	6	10	100
分值（分）	400	260	120	60	60	100	1000

（三）翡翠饰品各要素自身表现的变化对总的质量等级的影响

一件种、水、色、瑕、工、综合印象都达到极致的翡翠只有在理想状态下才可以出现。那么假设有两件翡翠，他们的种、水、瑕、工、综合印象都完全相同，只有颜色不同，一件是正翠色（植物的绿色），另一件是蓝花色（蓝绿色）。那么它们的质量等级会有什么样的差距？翡翠类饰品各要素自身表现的变化对总的质量等级的影响是跳跃的而不是等幅的。

那么，到底是如何跳跃的呢？这就引入了"系数规律"。以颜色这个要素为例，把已知最好的一种颜色对翡翠类饰品总质量等级的影响定为"1"，那么另外一个颜色的影响将不会超过"1"并且会是"1"的百分之几。现在假设，正翠色是1，蓝花就可能是70%，而灰蓝就可能一下子向下跳跃到10%了。

而且，经过检索与归纳，每个特定颜色对总质量等级

的影响是相对恒定的，也就是说这个特定颜色与最好颜色所对应的特定百分数也是相对恒定的。

（四）对排列组合的简化——评分制与千分制

影响翡翠类饰品的六个要素的关系已经明确了并且每个要素自身变化时对总的翡翠质量等级的影响也明确了。云南省地方标准规定评价时将理想状态中最高质量等级的分值设定为"1000"分，再根据各要素的权重把分数分配到各个要素中去，然后根据各要素中特定表现形式所对应的系数把刚分到的分数进一步分配到各要素的特定表现形式中去。例如：颜色，分到300分，颜色中的绿色分到 $300 \times 1 = 300$ 分，颜色中的蓝绿分到 $300 \times 0.7 = 210$ 分。那么各种排列组合就演变为数字相加的结果。例如：假设"色好（蓝绿色）=210分"，"种好（蛋清地）=48分"，"水好（亚透明）=200分"，"工好（好）=20分"，"瑕少（微瑕）=70分"，"综合印象中（非常好）=95分"那么，几项相加，结果为643分。对照5档12级质量等级对照表中对号入座就可以得出"珍品二级"的结论了。

（五）翡翠饰品质量分级标样附图

1. 上品翡翠（Top Grade）

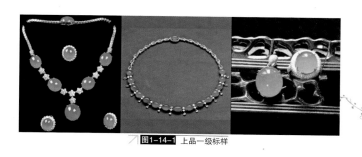

图1-14-1 上品一级标样

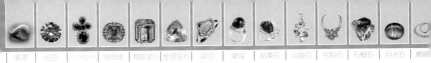

图1-14-2 上品二级标样

图1-14-3 上品三级标样

2. 珍品翡翠（Treasure）

图1-14-4 珍品一级标样

20

图1-14-5　珍品二级标样

图1-14-6　珍品三级标样

3. 精品翡翠（Very Good）

图1-14-7　精品一级标样

图1-14-8　精品二级标样

图1-14-9　精品三级标样

4. 佳品翡翠（Good）

图1-14-10　佳品一级标样

玉 | 岫玉 | 脂砚石 | 萤石扩 | 常龙夔 | 绿松石 | 青金石 | 水晶 | 玛瑙 | 绿龙玉 | 硅化木 | 珍珠 | 珊瑚 | 象牙 | 黑曜岩

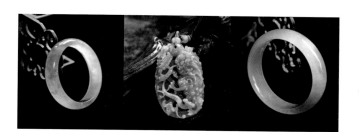

图1-14-11 佳品二级标样

图1-14-12 佳品三级标样

5. 合格品翡翠（Good）

HA13120409606   HA13120409466   HA13120409587

图1-14-13　合格品翡翠

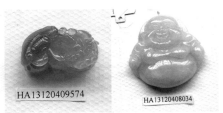

HA13120409584

HA13120409574

HA13120408034

图1-14-14 合格品翡翠

（六）高档翡翠质量等级评价证书样式

证书封面

证书部分内页

为了让读者能够更方便地参照实物进行对比，此处特选32件翡翠饰品作为标样参照。

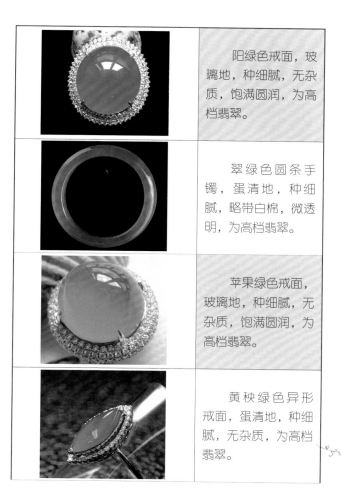

阳绿色戒面，玻璃地，种细腻，无杂质，饱满圆润，为高档翡翠。

翠绿色圆条手镯，蛋清地，种细腻，略带白棉，微透明，为高档翡翠。

苹果绿色戒面，玻璃地，种细腻，无杂质，饱满圆润，为高档翡翠。

黄秧绿色异形戒面，蛋清地，种细腻，无杂质，为高档翡翠。

	无色挂件，玻璃地，透明，种细腻，起荧光，无杂质，为高档翡翠。
	艳黄色挂件，冰地，亚透明，种稍粗，无杂质，为高档翡翠。
	艳紫色戒面，糯化地，亚透明，种细腻，无杂质，圆润饱满，为高档翡翠。
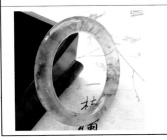	飘蓝花手镯，玻璃地，透明，种细腻，起荧光，无杂质，为高档翡翠。

	橙红色挂件，糯化地，亚透明，种细腻，无杂质，雕工好，为高档翡翠。
	豆绿色挂件，糯化地，半透明，种稍粗，略带白棉，为高档翡翠。
	淡绿色挂件，蛋清地，透明，种细腻，无杂质，为高档翡翠。
	无色戒面，蛋清地，透明，种细腻，无杂质，为中高档翡翠。

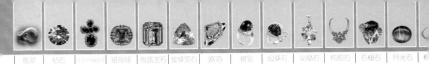

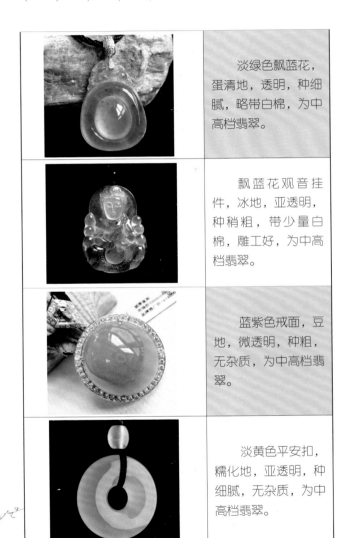

淡绿色飘蓝花，蛋清地，透明，种细腻，略带白棉，为中高档翡翠。

飘蓝花观音挂件，冰地，亚透明，种稍粗，带少量白棉，雕工好，为中高档翡翠。

蓝紫色戒面，豆地，微透明，种粗，无杂质，为中高档翡翠。

淡黄色平安扣，糯化地，亚透明，种细腻，无杂质，为中高档翡翠。

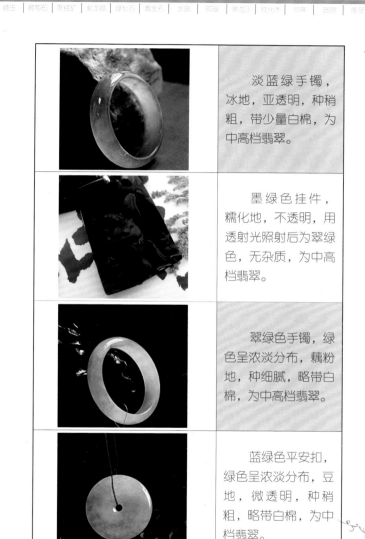

淡蓝绿手镯，冰地，亚透明，种稍粗，带少量白棉，为中高档翡翠。

墨绿色挂件，糯化地，不透明，用透射光照射后为翠绿色，无杂质，为中高档翡翠。

翠绿色手镯，绿色呈浓淡分布，藕粉地，种细腻，略带白棉，为中高档翡翠。

蓝绿色平安扣，绿色呈浓淡分布，豆地，微透明，种稍粗，略带白棉，为中档翡翠。

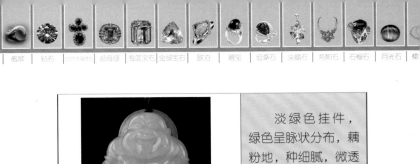

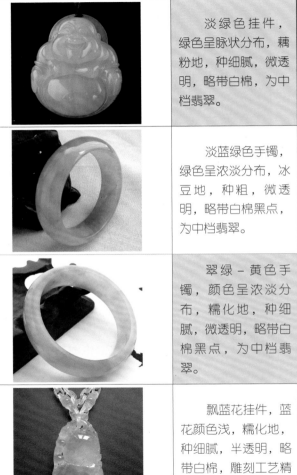

淡绿色挂件，绿色呈脉状分布，藕粉地，种细腻，微透明，略带白棉，为中档翡翠。

淡蓝绿色手镯，绿色呈浓淡分布，冰豆地，种粗，微透明，略带白棉黑点，为中档翡翠。

翠绿－黄色手镯，颜色呈浓淡分布，糯化地，种细腻，微透明，略带白棉黑点，为中档翡翠。

飘蓝花挂件，蓝花颜色浅，糯化地，种细腻，半透明，略带白棉，雕刻工艺精湛，为中档翡翠。

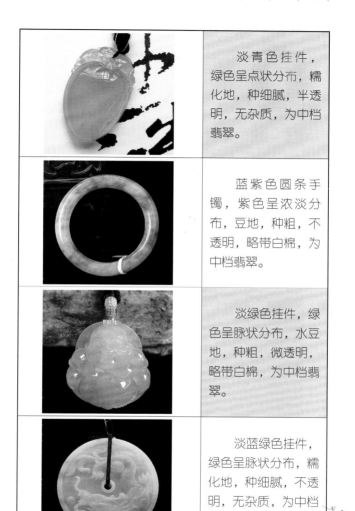

淡青色挂件，绿色呈点状分布，糯化地，种细腻，半透明，无杂质，为中档翡翠。

蓝紫色圆条手镯，紫色呈浓淡分布，豆地，种粗，不透明，略带白棉，为中档翡翠。

淡绿色挂件，绿色呈脉状分布，水豆地，种粗，微透明，略带白棉，为中档翡翠。

淡蓝绿色挂件，绿色呈脉状分布，糯化地，种细腻，不透明，无杂质，为中档翡翠。

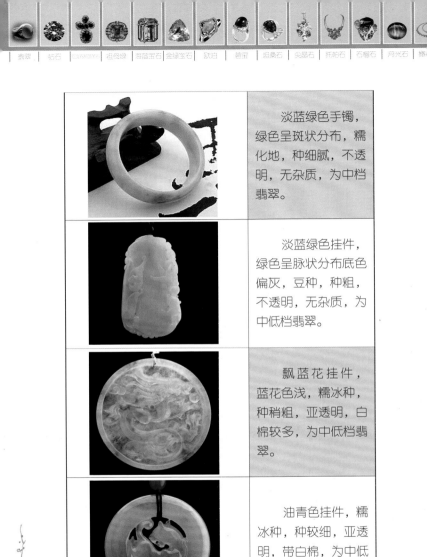

	淡蓝绿色手镯，绿色呈斑状分布，糯化地，种细腻，不透明，无杂质，为中档翡翠。
	淡蓝绿色挂件，绿色呈脉状分布底色偏灰，豆种，种粗，不透明，无杂质，为中低档翡翠。
	飘蓝花挂件，蓝花色浅，糯冰种，种稍粗，亚透明，白棉较多，为中低档翡翠。
	油青色挂件，糯冰种，种较细，亚透明，带白棉，为中低档翡翠。

钻石

——— 天地合，乃敢与君绝 ———

我想到了伊丽莎白·泰勒，好莱坞的传奇，『世界头号美人』，同时也是钻石的忠实拥趸，纵然经历八次失败的婚姻，也从未放弃过对钻石般清澈、完美的爱情的梦想。

我想到了伊丽莎白·泰勒，好莱坞的传奇，"世界头号美人"，同时也是钻石的忠实拥趸，纵然经历八次失败的婚姻，也从未放弃过对钻石般清澈、完美的爱情的梦想。

钻石，以炫目的光芒、璀璨的光彩、无可匹敌的硬度和自然界的稀少罕见，成为压倒诸多珠宝玉石的王者，被人们誉为"宝石之王"。她是至高无上的爱情的象征，亦是婚姻的红毯上不可缺席的见证者，也是最高级别的代名词——60年以上的婚姻被称之为"钻石婚"。

钻石"Diamond"一词出自希腊语的"Adamas"，意思是坚硬、不可驯服。她最早发现于印度，五大出产国为澳大利亚、俄罗斯、扎伊尔、博茨瓦纳和南非。我国钻石资源较少，主要分布在湖南沅江流域、贵州、山东蒙阴和辽宁，其中最大的原生矿在辽宁瓦房店。

钻石的四大切磨中心为比利时安特卫普、美国纽约、以色列特拉维夫和印度孟买。比利时安特卫普有上千家钻石公司，规模不同、各具特色的钻石加工店密密挨挨地临街而立，人们不但能参观钻石的现场加工过程，还能买到最价廉物美的钻石。

切割钻石的工具，其实就是另一粒钻石。因为钻石是目前为止人类所认识到的天然物质中最硬的，所以能切割钻石的，应该也只有钻石了。曾听说，"最好的爱情就是钻石与钻石之间的切割"，在磨合之中产生最美、最珍贵，同时也是最坚定的钻石般的爱情，那过程虽然辛苦一

些，缓慢一些，但却保证了爱情与婚姻的品质，更让人领悟到爱的哲理。

　　"山无棱，江水为竭，冬雷震震，夏雨雪，天地合，乃敢与君绝。"一句亘古不变的爱的誓言，以牢不可破的姿态就此立下，如钻石般纯净而坚固。人生短暂，能不离不弃、紧握双手相携走一辈子，该是多么浪漫的事。

识美——钻石的基本性质

矿物名称	化学成分 （如图2-1）	颜色 （如图2-2）	光　泽	透明度
金刚石	主要成分为C，可含N、B、H等微量元素	无色至浅黄系列；彩色系列	金刚光泽	透明－不透明
折射率	相对密度 （g/cm³）	硬度（如图2-4）	放大观察（2-5）	
2.417	3.52	10	浅色至深色矿物包体，羽状纹，刻面棱线锋利	

▼ **图2-1**　　　　　钻石的化学成分——碳

E　F　G　H　I　K　M

▼ **图2-2**　　　　　钻石的颜色

图2-3　钻石的光泽——金刚光泽

图2-4　钻石的摩氏硬度

莫氏矿物

1	2	3	4	5	6	7	8	9	10
滑石	石膏	方解石	萤石	磷灰石	正长石	石英	黄玉	刚玉	钻石

图2-5　　　　　　　　　　　　　　　钻石的包裹体

鉴美——钻石的简易鉴定方法

1. 肉眼观察

　　钻石原石常见八面体、立方体、菱形十二面体（如图2-6）；具高亮度、金刚光泽、特征的火彩（如图2-7）。

图2-6　　　　　　钻石的原石（左：八面体，中：立方体，右：菱形十二面体）

图2-7　　　　　　　　　　　　　　　　钻石的火彩

2. 放大检查

（1）切工面平棱直点尖锐，表面无磨损（H高，切磨工序的特殊性）（如图2-8）。

图2-8 钻石切工面棱直点尖（左）错石切工面棱线磨损，顶尖不交于一点

（2）天然矿物包体，生长特征等（净度高的钻石不易观察）（如图2-9）。

图2-9-1　　　　　　　　　　　　　净度为VVS1（左）、VS1（右）级钻石

图2-9-2　净度为SI1（左）、P1（右）级钻石

3. 其他简易方法（辅助性）（如图2-10）

线条实验（在纸上画线，将钻石台面朝下放置，切工好的圆钻型钻石看不见线条，仿钻能看见线条），亲油性实验，哈气实验等。

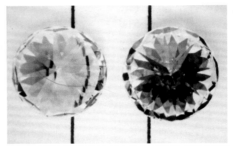

图2-10　线条实验（左图为合成立方氧化锆，右图为钻石）

市场上钻石的仿制品主要为合成立方氧化锆（如图3-12）。俗称"水钻"、"锆石"等。但其硬度低于钻石，火彩强于钻石，密度是钻石的1.5倍，手掂较重。且导热性明显弱于钻石，放大检查内部通常纯净，没有天然的矿物包体。此种人造材料大量用于首饰中，可制作成各种鲜艳的颜色，价值与钻石相差成千上万倍。

此外钻石还有一系列的优化处理方法，用以提高和改变钻石的色级和净度，如激光钻孔、充填、辐照等处理方法，需专业珠宝鉴定师在实验室内才能鉴定。钻石是贵重

宝石，购买时需引起警惕，索要官方的鉴定及分级证书和发票才能有所保障。

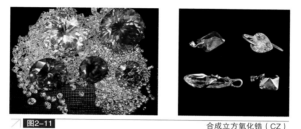

图2-11 　　　　　　　　　　　合成立方氧化锆（CZ）

藏美——钻石的选购

在国际上，钻石的质量好坏是以4C标准来评价的，分别是颜色（Colour）、净度（Clarity）、切工（Cut）、重量（Carat）。钻石的4C分级是20世纪50年代由GIA（美国宝石学院）提出的，在钻石的商贸中起着重要的作用。

1. 颜色

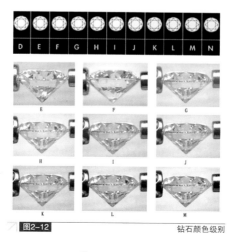

图2-12 　　　　　　　　　　　钻石颜色级别

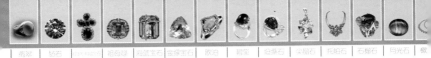

针对无色—浅黄色系列钻石，把钻石分为D、E、F、G、H、I、J、K、L、M、N、<N颜色级别。（如上图2-12）

2. 净度

根据10×放大镜下钻石瑕疵程度，用钻石分级标准评定其净度等级。把钻石分为五个大级别，十一个小级别。（如图2-13）

F-IF	VVS₁-VVS₂	VS₁-VS₂	SI₁-SI₂	P₁-P₃
镜下无瑕级	极微瑕级	微瑕级	瑕疵级	重瑕疵级

▶ **图2-13**　　　　　　　　　　　　　　　　　　钻石净度级别

3. 切工

钻石的切工分级，是指通过测量和观察，从比率和修饰度两个方面对钻石加工工艺完美性进行等级划分。主要针对圆钻型钻石。（如图2-14）

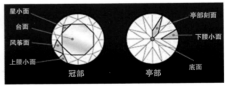

▶ **图2-14**　　　　　　　　　　　　　　标准圆钻型切工各部分名称

4. 重量

钻石的4C分级中，重量分级是最重要而又最简单的，通常以直接称量为准。

克拉（ct）1ct=0.2g，分（pt）1ct=100pt。

分级——钻石分级标准中国化

国际上通用的4C标准是科学的，基本反映了钻石品质的各个要素，并具备很强的操作性。专业人员可以依据4C标准对钻石进行级别划分，但仅仅是对各个要素单项级别的划分。例如表1中的两粒钻石，我们已经依据4C标准进行了分级，但是谁能迅速、准确地分辨出哪一颗钻石的品质比较好呢？消费者不能，质检师也不容易——至少没有依据。

表1 不同4C级别的钻石

品　名	颜　色	净　度	切　工	克拉重(ct)
钻石 1	E	SI$_2$	VG	0.30
钻石 2	L	IF	G	0.30

对于消费者来说，掌握4C标准并依据4C标准来了解钻石品质的全貌有很大的困难。并且，中国钻石市场存在着消费误区——切工被忽视，颜色被强调，净度被误解。因此，消费者需要一个通俗易懂、一目了然的标准。中国需要符合当前钻石消费市场的新标准。

云南省珠宝玉石质量监督检验研究院在综合钻石4C标准的基础上，首次引入"权重"概念，通过打分制的评分方法对单一指标进行评分，创造性地制定了《钻石及钻石饰品质量等级评价》地方标准，提出用0.00Q的表示方法来综合评定一颗钻石的级别。通过简单的表达方式使消费者对所购买钻石饰品的品质一目了然，将影响钻石品质的各项因素的重要性还原到真实水平。

1. 中国钻石分级标准模型搭建

钻石及钻石饰品质量等级评价是以国家标准为基础，

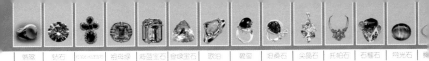

综合切工、颜色、净度、镶嵌工艺等评价因子，形成一个总的评价级别，并研制出一个国内外消费者都可以理解的等级评价体系。

钻石及钻石饰品质量等级评价的结论由钻石品质、镶嵌工艺、综合印象三部分组成（如图2-15）。三部分的等级均分为A(非常好)、B(很好)、C(好)、D(一般)、E(差)五个等级。

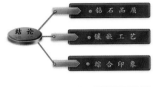

图2-15 饰品质量等级评价

（1）钻石品质

钻石品质（如图2-16）表示方法：0.00Q。其中0.00为克拉重，不参与等级评定。

图2-16 钻石品质等级

Q为质量（quality）的英文首字母，代表ABCDE五个等级。例如：20分的等级为B级的钻石，表示为：0.20B。

Q由切工、颜色和净度三个部分组成，实行打分制，满分为1000分。评价时，分别对颜色、切工及净度三部分进行分级打分，再利用权重，得出钻石品质的总分，对应相应的Q的等级。

钻石品质权重

25%

35%

40%

■ 颜色
■ 切工
■ 净度

图2-17

钻石品质权重

钻石品质的权重（如图2-17）：切工(40%)、颜色 (35%)、净度(25%)。

（2）镶嵌工艺

根据镶嵌工艺的变化将其划分为A、B、C、D、E五个 级别。若钻石未镶嵌，则此项不进行分级。

（3）综合印象

综合印象的评价包括综合印象级别及荧光强度级别两 部分。

①综合印象级别

根据综合印象的变化将其划分为A、B、C、D、E五个 级别。

②荧光强度的级别

按钻石在长波紫外光下发光强弱，划分为"强"、 "中"、"弱"、"无"四个级别。

2. 钻石饰品质量等级评价过程

对于一颗待分级的钻石饰品，首先通过对净度、颜色 和切工的打分来评价出这个钻石饰品的品质级别，从高到

低分为A、B、C、D、E五个级别。然后综合钻石的重量，得出0.00Q的钻石品质等级。例如，一颗0.3克拉，也就是30分的钻石，品质级别为A，那么该钻石的品质等级结论就是0.30A。然后再对钻石饰品的镶嵌工艺以及综合印象分级，都是从高到低分为A、B、C、D、E五个级别。如果是未镶嵌的钻石，我们称之为裸钻，是不需要进行镶嵌工艺分级的。这样就完成了对一件钻石饰品的质量等级评价。

3. 范例分析

表1中的两颗钻石，依据4C分级，无法比较出优劣。但根据《钻石及钻石饰品质量等级评级》，钻石1的品质等级B级（如图2-18），而钻石2的品质等级为C级（如图2-19）。消费者可以清楚地知道，钻石1的品质比钻石2好（如图2-20）。

钻石分级中国化即依托国标中现有的分级方法，将相应等级匹配合适的分数，利用权重，合成钻石品质级

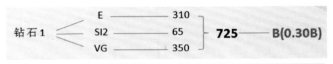

图2-18   钻石1的钻石品质等级

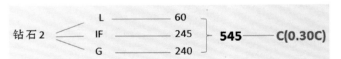

图2-19   钻石2的钻石品质等级

品　名	颜　色	净　度	切　工	克拉重(ct)	品质级别
钻 石 1	E	SI₂	VG	0.30	B
钻 石 2	L	IF	G	0.30	C

图2-20   钻石1、2钻石品质等级对比

别。并且由于市面上交易的多为钻石饰品，因此对镶嵌工艺进行的等级评价。除此之外，将肉眼对钻石的综合印象也囊括在中国化钻石分级体系中。钻石分级中国化具有更强的科学性和适用性，符合中国当前钻石消费市场的发展前景，同时具有较好的可操作性，有效解决当前的消费误区，同时满足经营、消费、评估、拍卖、典当、仲裁、自由贸易等社会需要，既给经营者营造了一个公平、公正的市场环境，使钻石饰品的品质有章可循，同时增强消费者的购买信心，引导消费者理性购买钻石饰品，建立客观、科学的消费理念，消除无谓的心理误区，规范国内钻石市场的价格，促进中国钻石产业健康、可持续发展。

图2-21 0.2～0.99ct钻石及钻石饰品等级评价证书

 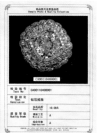

图2-22 1.00ct及以上钻石质量等级评价证书（钻石护照）

红宝石和蓝宝石

日出江花红胜火，
春来江水绿如蓝

红与蓝，一者热情似火，一者沉静如水，一动一静，一张放一内敛，有着明显的气质与个性的不同，但又都是浓烈又鲜明的色调，出于最淋漓坦诚的表达。

红宝石与蓝宝石的矿物名称为"刚玉"，质地坚硬，硬度仅次于钻石。依据颜色，国际珠宝界将刚玉族宝石划分为红宝石和蓝宝石两大类别。其中红色宝石级刚玉称为红宝石，而其他各种颜色的宝石级刚玉则统称为蓝宝石，具体命名时再冠以其颜色而称：蓝色蓝宝石、黄色蓝宝石、紫色蓝宝石、绿色蓝宝石和无色蓝宝石等等。

红、蓝宝石各有其美，而人们又以红宝石为最，因为她一般颗粒不大且难得。在古老的阿拉伯民间故事集《天方夜谭》中，讲述了人们通过抛肉诱杀秃鹫而得到无底山谷中深藏的红宝石的传说，给红宝石蒙上了一层诡秘色彩。现在，红、蓝宝石被称为"爱情之石"，红宝石象征着爱情的热烈，而蓝宝石象征着爱情的忠贞。

红、蓝宝石，似乎于西方电影中更多见一些，古老欧洲国度的贵妇，羽毛的帽子厚重的裙，颈间或指上一颗血般欲滴的红宝石或海般深邃的蓝宝石，衬托着她红艳的唇色，海蓝的深瞳。她们是凡尔赛玫瑰还是西班牙美人？西式华丽的印象虽美，却也模糊，终究记不起到底有红、蓝宝石身影出现的，是怎样的情节场景。

倒是不由得联想到了"日出江花红胜火，春来江水绿如蓝"这更有中国古典意境的诗句，眼前似乎展开了一幅清晰明朗的江南画卷。"江南好，风景旧曾谙。日出江花红胜火，春来江水绿如蓝。能不忆江南？"本是素淡清雅的江南一地，也有色彩鲜艳的时候，特别是日出时朝霞映得江水之红亮胜似焰火，春天到来时江水又如蓝草的汁水一般纯净碧透。回忆中的江南，便因为这红与蓝的色彩，在古诗词的优雅中，生出绚烂之色和风情万种来。

这岂不正契合了红、蓝宝石的明艳之姿与浪漫情怀吗？

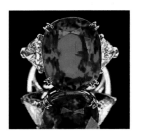

图3-1 "卡门·露西娅"红宝石重23.1克拉（左） 卡地亚"猎豹"蓝宝石胸针（右）

——红宝石和蓝宝石的基本性质

表4-1 红宝石的基本特征

矿物名称	化学成分	颜色	光泽	透明度
刚玉	Al_2O_3；可含Cr、Fe、Ti、Mn、V等元素	红、橙红、紫红、褐红色	玻璃光泽至亚金刚光泽	透明–不透明
折射率	**相对密度（g/cm³）**	**硬度**	**放大观察**	
1.762~1.770	4.00	9	针状包裹体、指纹状包裹体、生长色带等	

表4-2 蓝宝石的基本特征

矿物名称	化学成分	颜色	光泽	透明度
刚玉	Al_2O_3；可含Fe、Ti、Mn、V等元素	蓝色、蓝绿、绿、黄、橙、粉色、紫色等	玻璃光泽至亚金刚光泽	透明–不透明
折射率	**相对密度（g/cm³）**	**硬度**	**放大观察**	
1.762~1.770	4.00	9	色带、针状包裹体、固体矿物包体、雾状包裹体等	

鉴美——红宝石和蓝宝石的简易鉴定方法

1. 红、蓝宝石常呈腰鼓状或短柱状晶体，柱面上常有较粗的横纹。

2. 密度较大为4.00 g/cm³，手掂较重。

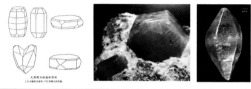

图3-2 刚玉的结晶习性（左） 红宝石短柱状晶体（中） 蓝宝石腰鼓状晶体（右）

3. 放大观察

（1）刚玉类宝石普遍具有角状或平直的色带；

（2）内部可见三组或长或短的针状或者纤维状金红石，以60°交角相互三组平行排列出现，在放大观察下呈现丝绢光泽。

图3-3 蓝宝石中六边形生长带

图3-4 蓝色蓝宝石中金红石针包体

图3-5 红宝石中金红石针包体

藏美——红宝石和蓝宝石的选购

目前，红蓝宝石的评价有四项指标：颜色、透明度、净度和切工。其中，颜色因素占整个宝石价值的一半以上。

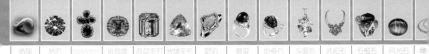
1. 颜色

颜色是评价红、蓝宝石品质最关键的因素。

红宝石最好的颜色是所谓的鸽血红，即纯正的红色。颜色最好的红宝石仍然产于缅甸，尤其是抹谷，又称为"缅甸红宝石"，泰国红宝石则颜色过暗。

红宝石颜色优劣依次为：血红、鲜红、纯红、粉红、紫红到深紫红。

图3-6 鸽血红红宝石

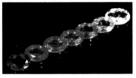

图3-7 不同颜色的红宝石

蓝宝石以纯蓝色或微带紫色调的蓝色最受欢迎。最优质的蓝宝石产于克什米尔，其特征的颜色是矢车菊蓝，即微带紫色调的蓝色，并具有天鹅绒般的质感，又称为"克什米尔蓝宝石"。

蓝宝石颜色优劣依次为：矢车菊蓝（深蓝）、洋青蓝（海蓝）、滴水蓝（鲜蓝）、天蓝（湖蓝）、淡蓝和灰蓝等。

红宝石、蓝宝石，特别是蓝宝石中经常可见到平直色带，使其颜色不够均匀，有些肉眼即可见到，大大影响了其价值。

图3-8 矢车菊蓝蓝宝石

2. 净度

红宝石和蓝宝石的净度当然越高越好。

3. 切工

红、蓝宝石的切工主要从琢型、比例、对称性、抛光程度等方面来评价。其最常见的琢型是椭圆刻面型和圆多面型及阶梯型。外观轮廓要美观、长宽比例及全深比要协调。切工的好坏也会影响到其颜色和亮度。

4. 克拉重

优质红宝石很少有大颗粒的，1~2克拉就视为珍品了。但大颗粒的优质蓝宝石则相对较多，10克拉的优质蓝宝石也不很罕见。

5. 特殊光学效应

对于有特殊光学效应的红、蓝宝石，除了上述因素外，还要考虑星线是否匀称、连续，中心宝光是否强等因素。星光红宝石的价格略低于同等质量的透明红宝石品种。星光红宝石主要产自缅甸和斯里兰卡。

红、蓝宝石是一种比较早被人工合成的宝石品种。20世纪80年代出现人工生产的焰熔法合成红、蓝宝石，90年代市场上开始大量出现通过各种方法合成的红、蓝宝石。合成红、蓝宝石在物理光学性质上与天然宝石基本一致，鉴定中存在一定难度。

图3-9 合成红、蓝宝石晶体

图3-10 天然星光红宝石

图3-11 合成星光红宝石

可以通过观察下列特征进行简单区分：

表1 合成星光红、蓝宝石与天然星光红、蓝宝石的区别

名称	合成星光红、蓝宝石	天然星光红、蓝宝石
星光外观特征	星光浮于表面， 星线直、匀、细，连续性好； 中心无宝光	星光发自内部深处； 星线中间粗，两端细，可以不连续； 中心有宝光

祖母绿

· 终朝采绿，不盈一掬 ·

终朝采绿，不盈一掬。

予发曲局，薄言归沐。

终朝采蓝，不盈一襜。

五日为期，六日不詹。

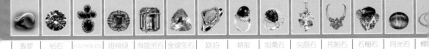

听到"祖母绿"这个名字，大多会以为这东西是与上了年纪的女性有关的。想象着也许有位已为人祖母的女子，把一枚她年轻时便戴在指上的绿色定情戒指，传给了孙女，而以后，孙女小心地收藏着这枚戒指，终有一天拿给心上人看时，自己仿佛也从宝石中看到了爱情的永恒不衰。从此人们便把这样绿得青翠悦目的宝石，叫做祖母绿。

而实际上，祖母绿这名字与祖母无关，其光彩的外表、稀有的色泽令许多年轻女性也爱不释手。她的名字是由古波斯语音译而来。她是世界五大名贵宝石之一，传入中国后，一直为人们喜爱，特别在明、清时期，受到帝王衷情，有"礼冠需猫睛、祖母绿"之说，成为装点于帝王服饰上的珍品。

然而，人们却仍然难以将自己的遐思从她的名字中抽离。那颗有着一个古老意境的名字的宝石，优雅的绿色里，如果有个故事，不是更好？

《诗经·小雅》有《采绿》："终朝采绿，不盈一掬。予发曲局，薄言归沐。终朝采蓝，不盈一襜。五日为期，六日不詹。"千年前有个女子，整日都在采摘可以染布的植物叶片，却才采了不到一捧而已，因为心里想着丈夫已出门数日，说好的归期，却仍旧没有回来。看着叶片嫩绿的颜色，不禁失神片刻，采摘的工作也就耽搁下来。这样的故事，在中国女性的心里代代相传。而这样的牵挂，纵然是千年以后的现代女子，心里也会装着。

祖母绿象征着大自然的美景与许诺。"他许诺的归期已至，可怎么还未归来？"祖母绿，原来是女子的悠悠思念和柔软心思。

图4-1　　217.8克拉的莫卧儿祖母绿（左）；祖母绿猫眼（右）

——祖母绿的基本性质

矿物名称	化学成分	颜　色	光　泽	透明度
绿柱石	$Be_3Al_2Si_6O_{18}$；可含Cr、Fe、Ti、V等元素	浅至深绿色、蓝绿色、黄绿色	玻璃光泽	透明–不透明
折射率	相对密度（g/cm³）	硬　度	放大观察	
1.577~1.583	2.72	7.5~8	矿物包裹体、裂隙常比较发育	

——祖母绿的简易鉴定方法

1. 祖母绿原石晶体呈六方柱状，柱面有明显的平行C轴的纵纹。

图4-2　　　　　　　　　　　　祖母绿的常见晶形

2. 祖母绿脆性较大，通常在加工时将四边形阶梯状的四个角磨去，称为祖母绿型切工。

3. 放大观察

内部常常多裂隙，内部多见有矿物包裹体，气、液两相包裹体以及小粒云母晶体。印度祖母绿中常可见到"逗号"状包体。

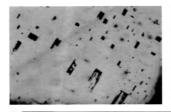 

图4-3　印度祖母绿中"逗号"状包体；乌拉尔祖母绿中竹节状阳起石包体

藏美——祖母绿的选购

对祖母绿的质量评价一般从颜色、透明度、净度、切工及重量等方面来进行，其中颜色是最为重要的。

1. 颜色

由于不像其他宝石那样色散强、出火强、璀璨多姿，因而祖母绿的颜色色彩及分布是评价主要考虑的因素。高质量者，必须具有强烈的中–浓艳色调的稍带黄或蓝的绿色，能给人一种柔软的绒状感觉。颜色要均匀，最好无色带。

2. 透明度、净度

裂纹要少，但是由于祖母绿较脆，大多有裂纹，无裂纹的成品是罕见的。

3. 切工

祖母绿的理想琢型为阶梯型，也叫祖母绿型。一般台面应平行于晶体六方柱的底面。这种琢型有几个优点：①有助于加深其颜色，使其浓艳欲滴；②因其脆性较大，去掉四角，降低了因偶然碰撞而损坏的可能性；③镶嵌时，去掉的四角正是金属爪的最佳部位，有助于卡爪抓牢宝石。

图4-4

祖母绿型琢型

4. 重量

祖母绿完好无瑕的大晶体罕见。因而切磨成0.2~0.3ct者即可做高级首饰，大于0.5ct的优质刻面宝石与钻石价值相近。超过2ct者可作为收藏品。

祖母绿内部经常多裂隙，经常会浸无色油处理。主要目的在于掩盖祖母绿中的裂隙或孔洞，提高宝石的透明度和亮度，这种方法已经得到国际珠宝界和消费者的认可，属于优化，在市场上很常见。由于浸油易挥发，所以浸油祖母绿在佩戴、保养时要格外注意，避免强光、高温，同时也要避免使用超声波清洗器或强清洗剂清洗宝石。

海蓝宝石

嫦娥应悔偷灵药，
碧海青天夜夜心

海蓝宝石是天蓝色至海水蓝色的绿柱石，以拥有海水般纯净而浩瀚的蓝色而得名。我国古时将海蓝宝石称作「屈没蓝」或「窟没蓝」，也有「水蓝宝石」和「天蓝宝石」的叫法。

传说中，海蓝宝石是一种产生于海底的神物，由海水精华凝聚而成。所以航海的人们将她视作自己的守护石，保佑出海航行能够平安顺利，称她为"福神石"。地中海一带的人们，相信海蓝宝石对于爱情的力量，喜爱并经常佩戴她，希望她能带来甜蜜纯洁的爱情和幸福的婚姻。

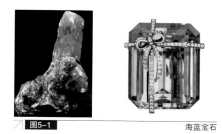

图5-1

海蓝宝石

海蓝宝石象征着沉着、勇敢、幸福和永葆青春。可在我国古代，有一个至今也广为流传的神话故事，把爱情幸福与青春永葆两者不可兼得的遗憾带到无数人心底。擅长射箭的后羿，为人间射下了九个太阳，西王母赏赐长生不老药给他，吃下后可永葆青春，不老不死。后羿美貌的妻子嫦娥得知后心生自私，为保自己青春永驻，偷盗了后羿的灵药独自吃下。谁知灵药使嫦娥飘离地面飞天而去，从此她孤独地居住在月宫，再也无法与丈夫相聚，回归原本幸福的婚姻。"嫦娥应悔偷灵药，碧海青天夜夜心"，在清冷的月宫里，嫦娥定是后悔的。

但愿人间多一些祝愿幸福与青春共存的海蓝宝石，而少一些让人追悔莫及的灵药。

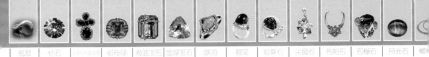

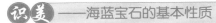

识美——海蓝宝石的基本性质

矿物名称	化学成分	颜　色	光　泽	透明度
绿柱石	$Be_3Al_2Si_6O_{18}$；可含Cr、Fe、Ti、V等元素	浅至深绿色、蓝绿色、黄绿色	玻璃光泽	透明–不透明
折射率	相对密度（g/cm^3）	硬　度	放大观察	
1.577~1.583	2.72	7.5~8	矿物包裹体、裂隙常比较发育	

鉴美——海蓝宝石的简易鉴定方法

　　1. 有特征的海蓝色、蓝绿色，一般颜色较浅，市场上多见由黄色绿柱石热处理后的深蓝色海蓝宝石，透明度一般较好。

　　2. 原石多长成六方柱状。

图5-2　　　　　　　　　　　　　　　　海蓝宝石晶体

　　3. 放大观察：内部可具有平行排列的似"雨丝"的管状包体，密集排列时形成猫眼效应。

图5-3　　　　　　　　　　海蓝宝石猫眼

——海蓝宝石绿的选购

1. 颜色

以微带绿色的蓝色为最好，颜色偏淡的价格较低。

2. 净度

质地纯净的海蓝宝石晶体比较容易得到，对其完美程度的要求也较高，那些有裂纹和肉眼可见包裹体的海蓝宝石均不用做宝石首饰。

3. 大小

尺寸越大的海蓝宝石，价值较高。

4. 特殊光学效应

具有猫眼效应的海蓝宝石价值相对较高。

欧 泊

—— 更吹落，星如雨 ——

东风夜放花千树，更吹落，
星如雨。宝马雕车香满路。
凤箫声动，玉壶光转，一夜鱼龙舞。
蛾儿雪柳黄金缕，笑语盈盈暗香去，
众里寻他千百度。
蓦然回首，那人却在，灯火阑珊处。

↗ 图6-1   欧泊

      英国文艺复兴时期伟大的剧作家、诗人莎士比亚说："那是神奇宝石中的皇后。"

      欧泊的确是一种非常与众不同的非晶质体宝石，她最为神奇之处，在于同一块石头上所呈现出来的斑斓颜色与绚丽之彩，火红、深紫、橙黄、翠绿相间，犹如火焰在里面闪亮跳动，又如女郎神秘的一个眨眼，扑朔迷离又极富生命力，把人们带入一次遐想，一片梦境，或一处所知世界以外的空间。

      也许是因为这样举世无双之美艳，就如绝代佳人的命运总是比普通人更曲折一些，欧泊的命运也是一波三折。古罗马人将她赞为"丘比特之子"，是恋爱中美丽的天使；古希腊人赋予欧泊以无限的灵光，认为她能让人前途无量；阿拉伯人则相信欧泊是真主所赐之物。然而在中世纪的欧洲，宗教的误导和可怕的传说，给欧泊蒙上了灰色的面纱。到了现在，欧泊终于再次得到人们公正的认识和青睐，真正成为宝石中占有重要一席的"皇后"。

      也许中国的历史上，人们对欧泊的接触与使用并不比珍珠、象牙及玉石多，但我却从她神秘又璀璨的光彩里，看到了花灯绚烂、焰火纷繁乱落如雨的街市夜景："东风夜放花千树，更吹落，星如雨，宝马雕车香满路。凤箫声

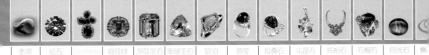
动，玉壶光转，一夜鱼龙舞。蛾儿雪柳黄金缕，笑语盈盈暗香去，众里寻他千百度。蓦然回首，那人却在，灯火阑珊处"。

元宵节的晚上，按传统民俗，街上遍挂各色灯笼，如千万树花开灿烂。灯上绘人物花鸟图案，写上谜语，人们饶有兴趣地观灯猜谜。年轻女子穿上漂亮的衣裙，发间插一支金簪珠钗，三三两两莺歌笑语地着穿梭在街灯之间。烟火绽放后，满天星火明灭掉落，似在华丽的幕布前上演最浪漫的一幕：有人在人群里流连，寻她千百度。

爱情纵是一波三折，在这样的元宵夜里，也是美不胜收的。

识美 ——欧泊的基本性质

矿物名称	化学成分	颜 色	光 泽	透明度
欧泊	$SiO_2 \cdot nH_2O$	可出现各种体色	玻璃光泽至树脂光泽	透明–不透明

折射率	相对密度（g/cm^3）	硬 度	放大观察
1.450、火欧泊可低达1.37	2.15	5～6	色斑呈不规则片状，边界平坦且较模糊，表面呈丝绢状外观

鉴美 ——欧泊的简易鉴定方法

1. 欧泊的矿物组成为蛋白石，含有少量的石英、黄铁矿等次要矿物。欧泊一般没有固定的外形，呈块状、葡萄状、钟乳状或皮壳状。（如图6-2）

图6-2

欧泊原石

2. 颜色

可出现各种体色（如图6-3）。白色变彩欧泊，可称
为白欧泊；黑、深灰、蓝、绿、棕或其他深色体色的欧
泊，可称为黑欧泊；橙色、橙红色、红色欧泊，可称为火
欧泊。

图6-3

黑欧泊（左），白欧泊（中），火欧泊（右）

3. 光泽和透明度

玻璃至树脂光泽，透明至不透明。

4. 特殊光学效应

欧泊具有典型的变彩效应，在光源下转动可看到五颜
六色的色斑（如图6-4）。除此之外，某些欧泊还具有猫眼
效应。

図6-4   欧泊的变彩效应

5. 硬度

摩氏硬度低，为5～6。表面极易看到划痕。

6. 密度

2.15（−0.09，+0.01）g／cm³，手掂较轻。

7. 内外部显微特征

色斑呈不规则片状，边界平坦且较模糊，表面呈丝绢状外观。

 ——欧泊的选购

市场上选购欧泊时应重点考虑下列因素：

1. 体色

体色以黑色或深色为佳，这样可以有较大的反差，衬托出艳丽的变彩。

2. 变彩

整个欧泊应变彩均匀，没有无色的死角，且变彩中颜色应齐全，即出现整个可见光光谱中的所有颜色（红、橙、黄、绿、蓝等）。色斑分布均匀，色斑愈大愈好。片状、丝状、点状搭配适宜。（如图6-5所示）

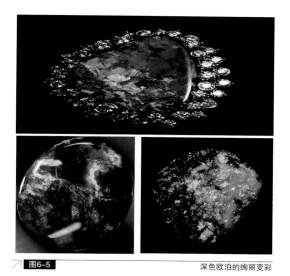

图6-5   深色欧泊的绚丽变彩

3. 具有一定的透明度

质地致密、坚硬，无裂纹及其他缺陷。

以上只是总体原则，不同地区和国家的人们对欧泊的色调有不同的偏爱。如美国人大多数喜欢火欧泊，因为它色调强烈，具很强的动感，符合西方人冲破束缚的心理。蓝、绿色的欧泊给人一种宁静的感觉，这对高度紧张和繁忙的日本人来说是一种调剂与享受，而韩国人深受日本人的影响，因而也偏爱此类欧泊。但中国人一向喜欢暖色调，认为红色是喜庆的色调。

碧玺

斑斓盒中彩，
旖旎头上生

传说在公元1703年，

荷兰的阿姆斯特丹有几个孩子在玩着荷兰航海者带回的一些石头时，

发现这些石头除了在阳光下色彩奇异之外，还有能吸引或排斥灰尘或草屑的力量。

这就是碧玺，最早发现于斯里兰卡，当时被视为与钻石、红宝石一样珍贵的一种宝石。

图7-1　　　　　　　　　　　　　　碧玺

　　碧玺是电气石的工艺名称，为硅酸岩矿物，含有镁、铝、铁、硼等10多种对人体有利的微量元素，在受热时会带上电荷，发生一种热释电效应。

　　在中国，碧玺这个词最早出现于清代典籍《石雅》之中："碧亚么之名，中国载籍，未详所自出。清会典图云：妃嫔顶用碧亚么。滇海虞衡志称：碧霞碧一曰碧霞玼，一曰碧洗；玉纪又做碧霞希。今世人但称碧亚，或作璧碧，然已无问其名之所由来者，惟为异域方言，则无疑耳。"在其他历史文献中也可找到"砒硒"、"碧玺"、"碧霞希"、"碎邪金"等对碧玺的称呼。

　　碧玺颜色丰富而透明度高，有红、蓝、绿等单色碧玺，也有红绿两色相间的双色碧玺。多姿多彩，颜色鲜艳，风情万种，惹人注目。

　　由《石雅》中"妃嫔顶用碧亚么"这句话，可以知得她曾被制作加工成为古时宫廷中

图7-2　　　　　　　　　　碧玺的丰富色彩

妃嫔的头上饰品，进而推测她应该是受爱美女性欢迎的。斑斓盒中彩，旖旎头上生，不由得想象那些美丽的宫中女子，打开珍藏的首饰盒，其中嵌有碧玺的簪或钗、环或链，戴到头上、耳上、颈间，漫步午后阳光中的御花园，或安坐于夜晚的皇家宴会一角，明艳闪亮的首饰，衬托着她们的绝代芳华，为她们赢得不少王公贵族甚至帝王的瞩目，也成为其他贵族女性羡慕的谈资。

识美——碧玺的基本性质

矿物名称	化学成分	颜色	光泽	透明度
电气石	(Ca, K, Na) (Al, Fe, Li, Mg, Mn)$_3$ (Al, Cr, Fe, V)$_6$ (BO$_3$)$_3$ (Si$_6$O$_{18}$) (OH, F)$_4$	各种颜色，同一晶体内或外	玻璃光泽	透明–不透明

折射率	相对密度（g/cm³）	硬度	放大观察
1.624~1.644	3.06	7~8	气液包裹体，管状包裹体

碧玺按其颜色可分为下列主要品种：

1. 红–粉红色碧玺 （如图7-3）

由于含锰而呈红到粉红色，多色性明显，呈红色到粉红色。价值最高的称为"双桃红"的碧玺。

2. 蓝色碧玺（如图7-4）

由于含铁而呈蓝色，多色性由明显到弱，呈深蓝色和浅蓝色。

3. 绿色碧玺 （如图7-5）

由于含铬和钒元素而呈绿色，多色性明显，为浅绿色

和深绿色。双折射率高，通常为0.018，最高为0.039。

4. 褐色碧玺（如图7-6）

多为镁碧玺，多色性明显，为深褐色到绿褐色。

5. 双色碧玺（如图7-7）

往往沿晶体的长轴方向分布的色带（双色、三色和多色），或呈同心带状分布的色带，通常内红外绿时称"西瓜碧玺"。

图7-3　红色碧玺　　图7-4　蓝色碧玺　　图7-5　绿色碧玺

图7-6　褐色碧玺　　图7-7　双色碧玺

鉴美——碧玺的简易鉴定方法

1. 碧玺颜色丰富，双色碧玺较为多见。（如图7-8）

2. 碧玺的二色性特征较为明显，即从两个方向观察颜色会有较大程度的改变。（如图7-9）

3. 碧玺内部内含物较多，裂隙比较发育。（如图7-10）

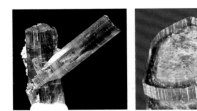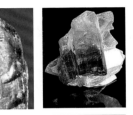

图7-8   各种双色碧玺

图7-9 碧玺的二色性：不同位置不同方向观察，其体色呈现深浅不一的变化。如
        上图所见的绿碧玺的二色性明显，为深绿色（靠左部分）和浅绿色（靠右
        部分）

图7-10   碧玺内部裂隙较发育

藏美——碧玺的选购

碧玺的质量可从重量、颜色、净度、切工几个方面进行（如图7-11所示）。以玫瑰红、紫红、绿色和纯蓝色为最佳，粉红和黄色次之，无色最次。要求内部瑕疵尽量少，晶莹无瑕的碧玺价格最高。含有许多裂隙和气液包裹体的碧玺通常用作玉雕材料。重量越大，价格越高。切工应规整，比例对称，抛光好。否则将会影响价值。

图7-11　　　　　　　　　　　　　　　品质优良的碧玺

尖晶石

天生丽质难自弃，
一朝选在君王侧

看到图片中英国王冠上那颗显眼的黑色王子红宝石的时候，被她那浓郁而纯正的红色和玻璃一样的明净光华所震撼，她纯粹得不含一丝杂质，娿静默不语，那份尊贵无比的气质却自内而发。心里突然想到"天生丽质难自弃，一朝选在君王侧"的诗句。红色的宝石，犹如绝代佳人，倾国倾城，天生的丽质与光彩难被尘世掩埋，终于有朝一日被懂她的王者拥有，从此走上地位与爱情的顶端，常伴君侧，实至名归。

英帝国王冠

上镶有著名的"黑王子红宝石"（王冠中部正中，红色）、世界第二大钻石"非洲之星第II"（王冠下部正中，比黑王子红宝石大）和圣爱德华冠宝石（王冠顶部十字架中心）。王冠上共镶有4粒红宝石、11粒祖母绿、16粒蓝宝石、227粒珍珠和超过2800粒大大小小的钻石。

图8-1　　　英国王冠上的黑王子"红宝石"

尖晶石因为色彩之美丽和数量之稀少，自古以来便是非常珍贵的宝石，散发着一股让人难以抗拒的尊贵气息，成为公认的世界上最迷人的宝石之一。曾有一段时间她被人们误以为是红宝石，但最后终于撩开了她的面纱，还其一个独立的身份。

尖晶石常见有红、橙、黄、紫、蓝、绿、褐等多种颜色，目前世界上最具传奇色彩、最迷人的红色尖晶石是重361克拉的"铁木尔红宝石"和1660年被镶于英国国王王冠之上重约170克拉的"黑色王子红宝石"。而现在世界上最大、最漂亮的，是一颗红天鹅绒色尖晶石，重398.72克拉，由1676年俄国特使奉命在中国北京用2672枚金币卢布买下，现保存于俄罗斯莫斯科金刚石库中。

在中国的清代，皇族封爵和一品官员帽子上使用的红宝石顶子，几乎全是用红色尖晶石制成的。可见不管是哪个国家，东方或西方，人们对尖晶石象征尊贵、权力的认可，并无差别。

识美——尖晶石的基本性质

矿物名称	化学成分	颜色（如图9-2）	光　泽	透明度
尖晶石	$MgAl_2O_4$	各种颜色，常见红、橙、黄、紫红、蓝、绿、褐等	玻璃光泽	透明–半透明

折射率	相对密度（g/cm^3）	硬度	放大观察
1.718	3.60	8	固体包体，细小八面体负晶

图8-2　　　　　　　　　　　各种颜色的尖晶石

鉴美——尖晶石的简易鉴定方法

1. 原石晶体为八面体。（见图8-3）

2. 尖晶石颜色非常丰富，小颗粒的价格也较低，其中价格较高一些的红色尖晶石红色较纯正，为大红色。（见图8-2及图8-3）

3. 由于硬度较强，折射率高，其光泽较强，为强玻璃光泽。（如图8-4）

市场还可见部分合成尖晶石，与天然品极易混淆，除其内部较为洁净，颜色鲜艳等特征外，进一步地确认鉴定还需送实验室进行检测。

| 岫玉 | 鸡血石 | 寿山矿 | 紫龙晶 | 绿松石 | 青金石 | 水晶 | 玛瑙 | 黄龙玉 | 硅化木 | 珍珠 | 珊瑚 | 蜜蜡 | 黑曜岩 |

图8-3　尖晶石砂矿原石（左）　八面体原石（右）

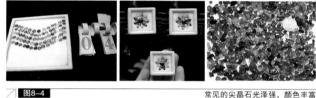

图8-4　　　　　　　　　　　常见的尖晶石光泽强、颜色丰富

藏美——尖晶石的选购

尖晶石最好的颜色是明艳红色，其次是紫红、橙红、浅红和蓝色。要求色泽纯正、鲜艳。越透明，价值越高。内部瑕疵越少，越干净，价值越高。尖晶石在切割时，不必过多考虑方向性，尽可能切磨得越大越好，并需要精细抛光。对于大小，超过10ct以上的尖晶石是较少的。因此，每克拉价格也比一般尖晶石高一些（如图8-5）。

图8-5　切工优良的黑色尖晶石（上图）　颜色艳丽的蓝色尖晶石及红色尖晶石（下图）

托帕石

娉娉袅袅十三余，
豆蔻梢头二月初

托帕石能让人第一时间所联想到的，是清丽少女的形象。

她颜色丰富，几乎包含了所有可以想象到的色彩，透明度很高，光泽极佳，恰似少女的烂漫与娇俏；如懵懂少女还保留着一分未沾世俗的天真与清纯。

唐代大诗人杜牧有诗云："娉娉
袅袅十三余，豆蔻梢头二月初。春风十
里扬州路，卷上珠帘总不如。"描绘了
一个十三四岁少女最动人的姿色：纤细
柔软的身躯，走路时轻盈而美的体态，
正如初春二月最好看的花朵——豆蔻。
走遍十里扬州路，在那些卷起的珠帘背

图9-1　托帕石项链

后，也未寻见一个能比得上她的成年女子。托帕石与诗，
以各自不同的角度和风格，或直白明了或委婉含蓄地对少
女之美进行了体现。想来，如果将两者结合起来，一个豆
蔻少女的形象应该更为完整一些，既有丰富漂亮的颜色，
又有秀丽柔美的体态，既有天真可人的性情，又有欲语还
休的情境。在托帕石与诗的完美结合下，一个现代与古典
兼具的美少女便如此活灵活现地站在我们眼前。

托帕石的矿物名称为黄玉或黄晶，由于人们易将黄玉
和黄色玉石、黄晶的名称相混，所以后来多采用其英文音
译的名字——托帕石来标注宝石级的黄玉。在价格上她属
于中档宝石，而这又正符合了少女平和易近的性情，从不
会高不可攀，令更多人垂怜。

识美——托帕石的基本性质

矿物名称	化学成分	颜　色	光泽	透明度
黄玉	Al_2SiO_4（F，OH）$_2$	无色、淡蓝、蓝、黄、粉、褐红、绿色等	玻璃光泽	透明–半透明
折射率	相对密度（g/cm³）	硬　度	放大观察	
1.619～1.627	3.53	8	晶体包裹体	

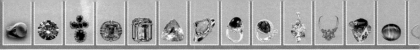

图 9-2　　　　　　　　　　　各种颜色的托帕石

鉴美——托帕石的简易鉴定方法

（1）托帕石颜色多见淡蓝色及淡黄色，若其颜色较艳丽的多数为辐照处理（如图9-3），但如果要进一步地确认是否为辐照处理还需进入实验室进行检测。

图9-3　　　　　　　　　　　辐照处理蓝色托帕石

（2）托帕石内部多数比较洁净，内含物少，由于相对密度大，因此黄玉有"坠手"的感觉。

（3）市场中还可见一种镀膜处理的托帕石，其原理为在无色或颜色差的托帕石表面附着一层有色的膜使其颜色变得鲜艳。鉴定此类的托帕石可以在有怀疑的基础上用手指甲轻刮其表面，若发现有脱落的现象，即为镀膜托帕石（如图9-4）。

（4）托帕石原石晶体常呈斜方柱状晶形，在晶体的柱面上常有纵纹。晶体有时很大，常常一端为锥，另一端为平面（如图9-5）。

3

图9-4 　　　　　　镀膜处理的托帕石，表面颜色丰富不似天然颜色单一

图9-5 　　　　　　托帕石的原石晶体形态

藏美——托帕石的选购

在市场中销售的托帕石，红色托帕石极为罕见（如图9-6），是最昂贵的托帕石；雪梨色（如图9-7）托帕石色泽华丽，一直深受人们的喜爱。雪梨色（棕黄色、橙黄色、红棕色）和粉红色托帕石的价格也较高。西方珠宝界常用的托帕石是专指黄色托帕石，用这一称谓将黄色托帕石与其他颜色的托帕石区分开来。托帕石中常含气-液包裹体和裂隙，含包裹体和裂隙者都会影响其价值。优质的托帕石应具有明显的玻璃光泽，且加工时要注意，不能使

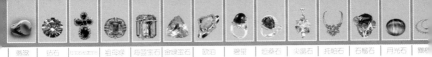
主要刻面与其解理面方向平行，否则难以进行抛光，会影响宝石的价值。虽然托帕石为中档宝石，重量大者较为常见，但和其他宝石一样，越大者越珍贵。

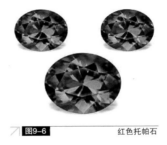

图9-6　　　　　　　　　　　红色托帕石

图9-7　　　　　　　　　　　雪梨色托帕石

石榴石

眉黛夺将萱草色，
红裙妒杀石榴花

石榴，多籽，色红而艳。石榴花，花开五六月，璨若红霞。石榴这个名字与宝石相联系是相得益彰的，万种风情在一颗颗稀世珍宝的光芒中呼之欲出。

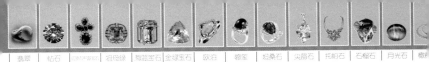
石榴石的名字源于其晶体形态与石榴中的肉籽相似，她是最早便被利用的一种宝石，在中国古时被称作"紫牙乌"（指紫红色的石榴石宝石）。而另一方面，石榴在中国的古典文化中，又有着一番意味：子孙满堂和女性的美。

红色、裙子，似乎从古至今都与女性无法分开。"拜倒在石榴裙下"，用男性的臣服烘托出了女性的妖娆魅力。石榴裙，一条颜色如石榴籽般红艳的裙子，成为美人的代名词。"眉黛夺将萱草色，红裙妒杀石榴花"，"千门万户买不尽，剩将女儿染红裙"，还有"风卷葡萄带，日照石榴裙"……诗词歌赋中对石榴裙极尽的赞美，不胜枚举。

从现今科学的角度来说，石榴石是一个复杂的矿物族，有12种之多，其成员都有一个共同的结晶习性及稍有差异的化学成分。石榴石主要可以分成2个系列、6个主要品种：铝榴石系列（镁铝榴石、铁铝榴石、锰铝榴石）和钙榴石系列（钙铬榴石、钙铝榴石、钙铁榴石）（如图10–1）。自然界资源量和宝石的价值有较大的差别，如各种色调的暗红色的铁铝榴石和镁铝榴石都为常见宝石，价值不高，而橙色、橙红色的锰铝榴石则较为稀有，有较高的商业价值，绿色的翠榴石和钙铝榴石则是石榴石家族中的珍稀品种，价值不菲。所以石榴石并不是一个单独的矿物名称，而是这个家族的总称。

怀想石榴花一般的红色，染上一袭飘摇的长裙，任斗转星移历史变迁，女性的百媚千娇从未褪色。于是将一抹石榴红戴于手指上或脖颈间，去重温那古典的风韵与热情。

岫玉 | 蛇纹石 | 罗锰矿 | 紫龙晶 | 绿松石 | 青金石 | 水晶 | 玛瑙 | 黄龙玉 | 硅化木 | 珍珠 | 珊瑚 | 象牙 | 欧泊石

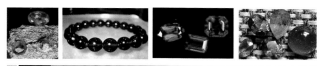

图10-1 各种种类的石榴石：①锰铝榴石　②铁铝榴石　③镁铝榴石　④铬钒钙铝榴石，绿色

识美——石榴石的基本性质

矿物名称	化学成分	颜色	光泽	透明度
石榴石	详见简易鉴定每种宝石	除蓝色以外的各种颜色	强玻璃光泽	透明–半透明
折射率	相对密度（g/cm³）	硬度	放大观察	
1.710～1.850	3.50～4.30	7～8	针状包裹体，丝状包裹体，晶体包裹体	

鉴美——石榴石的简易鉴定方法

1. 镁铝榴石〔化学成分：$Mg_3Al_2(SiO_4)_3$〕（如图10-2）。

商业名为红榴石，也曾被称为火红榴石，因其英文名Pyrope即源自希腊语Pyropos，意为"火红的"、"像火一样"，火红榴石名称更能表示宝石的性质和特点。镁铝榴石的成分中总含有铁铝榴石和锰铝榴石组分。铁铝榴石组分用光谱方法很容易地检测出来，大而纯净，颜色漂亮的镁铝榴石，价值昂贵，也非常罕见。

图10-2 镁铝榴石

2. 铁铝榴石〔化学成分：$Fe_3Al_2(SiO_4)_3$〕（如图10-3）。

图10-3　　铁铝榴石

铁铝榴石是一种最常见的石榴石，又称为贵榴石。颜色以深红色、暗红色居多。由于光泽较强，硬度大，常用作拼合石的顶层。

3. 锰铝榴石〔化学成分：$Mn_3Al_2(SiO_4)_3$〕如图（10-4）。

为石榴石品种中，价值较高的一种，颜色常见为黄橙、红、褐红，光泽较强。

图10-4　锰铝榴石

4. 水钙铝榴石〔钙铝榴石，化学成分：$Ca_3Al_2(SiO_4)_3$〕如图（10-5）。

水钙铝榴石为翡翠的一种相似宝石品种，有绿色、粉红色、灰白色等，常不均匀、半透明–微透明，含细粒不规则状黑色磁铁矿包体，呈斑状分布于宝石表面。

图10-5　水钙铝榴石

5. 翠榴石〔钙铁榴石，化学成分：$Ca_3Fe_2(SiO_4)_3$〕

多为翠绿色，颜色较为鲜艳，内部放大观察可见典型的"马尾丝"状包裹体（如图10-6）。

图10-6　翠榴石"马尾丝"状包裹体（左）

藏美——石榴石的选购

　　石榴石宝石总体来说属中～低档宝石，但其中翠榴石因产地稀少，产量很低等原因，致使优质翠榴石具有很高的价值，可跻身高档宝石之列。

　　评价石榴石通常以颜色、特殊光学效应、透明度、净度、质量以及切工为依据。颜色浓艳、纯正，内部干净、透明度高、颗粒大、切工完美者具有较高的价值（如图10-7）。颜色是决定石榴石价值的首要条件，翠榴石或具翠绿色的其他石榴石品种在价格上要高于其他颜色的石榴石，优质翠榴石的价格可接近或超过同样颜色祖母绿的价格。星光石榴石、变色石榴石的商业价值也很高。此外橙黄色的锰铝榴石、红色的镁铝榴石和暗红色的铁铝榴石的价格是依次降低的。

图10-7　　　　　　　　　　　　　　　　　　　高档石榴石首饰

月光石

青光淡淡如秋月，
谁信寒色出石中

她皎洁而通透的光芒，
像清秋的月亮所发出的月光，
带着一丝不食人间烟火的气息。

印度人将她视作圣石，
能够预言和感知。

古希腊和罗马人认为她具有强大的灵力，
她仿佛本不是人间的产物，

印第安人称她为『神圣的石头』。

而来自夜空中神秘且遥远的月亮。

更多的人认为她能带给爱情好运，

唤醒恋人们最温柔的感情，

所以称她为『恋人之石』。

　　她就是月光石，又叫月长石或月亮石。除了神圣、纯洁与爱，还象征着健康与长寿。

图11-1　　　　　　　　　月光石

　　月光石没有华丽的外表，透明的白色或无色中闪耀着幽幽的淡蓝色光，使她显得多么静谧安详，仿佛真是静夜里的一轮明月。她也没有强烈的反光，毫不张扬的光泽中透出淑女般的优雅娴静。

　　月光石的主要产出国家有斯里兰卡、缅甸、印度、澳大利亚、马达加斯加、坦桑尼亚、美国、巴西和瑞士。其中以缅甸出产的月光石质量较好，印度也产月光石猫眼和星光月光石。

　　月光石与月亮息息相关的内涵，加上月亮所带给人们的清静、圆满、自然之感，也今月光石蒙上了一层薄薄的禅意。而缅甸与印度这两个古老的佛教国家能够产出如此好的月光石，真让人感到宗教意味下一丝不谋而合的神秘。

　　"青光淡淡如秋月，谁信寒色出石中"，绝佳的诗句，由衷的赞叹，以及仰望月空、怜惜石色的人类角度，让月光石在神圣与神秘之外，也回归了人间的生动。

——月光石的基本性质

矿物名称	化学成分	颜 色	光 泽	透明度
月光石	$KAlSi_3O_8$	无色至白色，常见蓝色或无色晕彩（如图12–2）	玻璃光泽	透明–半透明

折射率	相对密度（g/cm^3）	硬 度	放大观察
1.518～1.526	2.58	6~6.5	解理、"蜈蚣"状包体（如图12–4）、针状包体可具有月光效应、猫眼效应、星光效应（如图12–3）

图11-2　　　　　　　　　　　　　月光石的颜色

图11-3　　　　　　　　　月光石的月光效应和猫眼效应

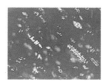

图11-4　月光石的"蜈蚣虫"状包体

鉴美——月光石的简易鉴定方法

月光效应（蓝色晕彩或白色乳光）（如图11-1）

藏美——月光石的选购

高质量的月光石，有漂游似波浪状蓝光，是长石类宝石中最珍贵的，质量最好的为半透明（可以更好地显示出月光晕彩）；较差的是半浑浊的；白色月光石比带蓝光的价值低。

月光晕彩的方向、形状也是一个评价因素，晕彩延长方向要与宝石延长方向一致，此外，在净度方面，优质的月光石应该不显任何内部或外部的裂口或解理。在同等情况下，重量越大越好。

橄榄石

时光辗转，神采凝驻

宝石总会因古老而显得迷离。

因为在时间里旋转沉淀，

因为在故事里颠沛流离。

橄榄石的古老，可以追溯到大约3500年前。她被发现于古埃及领土圣·约翰岛上，呈现出一种清澈的黄绿色，清新，明净，柔和，宁静，赏心悦目。那是橄榄的颜色，因而她被人们称作"橄榄石"。历史上对她也还有"太阳宝石"、"黄昏祖母

图12-1　　　　橄榄石戒指

绿"等称谓，但无疑橄榄石这个名字，更加的意味深远。

古时候，人们认为佩戴用黄金镶制的橄榄石护身符能消除恐惧、驱除邪恶。一些部族在发生战争时，也常会以互赠橄榄石的方式，向对方表示停止争斗、和平相处的愿望。而据说在地中海周围的一些神庙里，现在还保存着几千年前镶嵌的橄榄石。

想象着也许千年以前，某个部族首领表情威严，他的脖间缀着一小块橄榄石；公元前6、7世纪，某座神庙嵌有橄榄石的几根巨大石柱前，白衣飘飘的女祭司凝视远方；眼前的现代社会里，某位女子，手戴一枚橄榄石戒指，静坐在午后照进阳光的落地窗前。这些场景像油画一样厚重，因那一点点橄榄绿的颜色，闪耀光华。

几千年的时光，可似细水长流，也可如惊鸿掠过，每个人、每件事、每个场景，乃至每个王朝与每次战争，都在时光里辗转生息。唯橄榄石的神采和人们对和平的愿望，永恒凝驻。

 ——橄榄石的基本性质

矿物名称	化学成分	颜 色	光 泽	透明度
橄榄石	$(Mg，Fe)_2SiO_4$	黄绿色、绿色、褐绿色	玻璃光泽	透明–不透明
折射率	相对密度（g/cm^3）	硬 度	放大观察	
1.654～1.690	3.34	6.5～7	盘状气液两相包体，深色矿物包体，负晶	

 ——橄榄石的简易鉴定方法

1. 晶形

橄榄石完好晶形少见，大多数呈不规则粒状（如图12–2）。

2. 颜色

橄榄石是一种自色宝石矿物，其颜色由自身所含的铁等成分所致。颜色多为中到深的橄榄绿色、黄绿色或者祖母绿色（如图12–3），颜色稳定。

图12–2　橄榄石原始晶形

图12–3　橄榄石表现为稳定的黄绿色

3. 光泽和透明度

橄榄石透明度较好，常为透明至半透明。部分因内部包体或裂隙密集导致透明度降低玻璃光泽。

4. 多色性

虽然橄榄石颜色较为艳丽，但其多色性总体来说较

弱。对于颜色较深的品种，通过二色镜可以见到微弱的三色性；而浅色品种几乎不能观察到多色性。

5. 内外部显微特征

橄榄石内部包体较丰富，常见有深色矿物包体、负晶、气液包体、云雾状包体等。

橄榄石中常见矿物包体，这些固体包体周围常伴有盘状应力纹，或者是气液包体，称之"睡莲叶"状包体（如图12-4）。

图12-4　橄榄石中睡莲叶状包体

橄榄石中常见负晶存在，负晶周围往往形成圆盘状裂隙和气液包体，同样也称之"睡莲叶"状包体。

藏 美 ——橄榄石的选购

橄榄石产出也较多。宝石级橄榄石的质量评价涉及4个方面：

1. 颜色

橄榄石的颜色要求纯正，以中-深绿色为佳品，色泽均匀，有一种温和绒绒的感觉为好；越纯的绿色价值越高。（如图12-5）

图12-5　纯正的绿色橄榄石

2. 净度

橄榄石中往往含有较多的黑色固体包体和气液包体，这些包体都直接影响橄榄石的质量。当然没有任何包体和裂隙者为佳，含有无色或浅绿色、透明固体包体的质量较次，而含有黑色、不透明固体包体和大量裂隙的橄榄石则

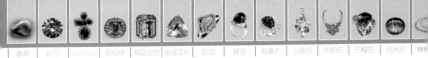
几乎无法利用。

3. 重量

大颗粒的橄榄石并不多见，半成品橄榄石多在3ct以下，3～10ct的橄榄石少见，因而价格较高，而超过10ct的橄榄石则属罕见。据记载，产自红海的一粒橄榄石

图12-6 净度高颜色好的橄榄石项链

重310ct，缅甸产的一粒绿色刻面橄榄石重达289ct，最漂亮的一粒绿黄色橄榄石重192.75ct。

4. 切工

切工良好的橄榄石可以很好地体现出柔和的橄榄绿色，通常采用祖母绿型和抛光面型来加工橄榄石。

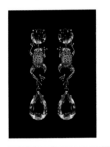

图12-7 设计精美的橄榄石首饰

软玉

投我以木桃，
报之以琼瑶

美人如玉。

莹润，通透，清凉，

娴静，娟淑，端庄。

如果把中国带有"玉"字的成语、词语、典故、传说、文学作品都找来看一看，就会发现简直成千上万数之不竭。软玉，人们虔诚地热爱她，不停地追求她，从不冷落她，这和热忱几千年来从未消退——她真是集万千宠爱于一身。

软玉在中国上下五千年的文化中，有着独一无二的内涵和无与伦比的崇高地位。她是纯洁又华美的灵性之物，见诸于各个朝代、阶层和各种用途。她是君子之佩，《礼记》说"君子无故，玉不去身"；她是女子之饰，杨贵妃有"翠翘金雀玉搔头"；她是权力之象，帝王、王后之玺，常以玉作；她是品格之喻，春秋战国时特别崇尚"君子比德如玉"；她是无价之宝，常言道"黄金有价玉无价"。

图13-1 大禹治水玉山子

中国是最早开采和利用软玉的国家，软玉玉器也发源于中国。俗话说，玉不琢不成器。工匠的手艺及艺术造诣与软玉的雕琢成器是有极大关系的。在能工巧匠的双手中、各时代的文化背景下，中国历史上出现了大量精美绝伦的玉器精品。如最为著名的软玉雕刻作品《大禹治水玉山子》，于1778年，由清乾隆帝命全国之玉雕名匠，将一块由新疆和田运来的大玉料雕琢而成，大禹治水故事中的人物、环境、情节跃然玉上，气势磅礴，生动淋漓，令人惊叹。

中国软玉历史之悠久，文化之灿烂，玉器之夺目，皆乃他国所不能比，可谓东方古国文化与精神的结晶。在2008年的北京奥运会上，以"金镶玉"作为设计形式的奖牌，令外国人耳目一新。现代一些宝石学书籍在写到软玉时往往用中国软玉历史作开头，而前苏联地质学家费尔斯曼则直接称软玉为"中国玉"。

图13-2　　2008奥运会奖牌

软玉之于中国，情深意长，难分难割，引多少文人墨客纵情称颂。

图13-3　　河姆渡文化玉

中国最早的诗歌总集《诗经》中有《卫风·木瓜》写道："投我以木瓜，报之以琼琚。匪报也，永以为好也！投我以木桃，报之以琼瑶。匪报

图13-4　　西汉皇后的玉玺

也，永以为好也！匪报也，永以为好也！"有人将此诗译为情侣间之情深，琼瑶美玉，作爱情之信物，纯洁和美，一生一世，不变不褪。有人将诗视作友人间之义重，得赠木桃，却报以琼瑶，滴水之恩，涌泉相报，莫逆之交，三生有幸。

情人也好，友人也好，坚韧的誓言，清洁的品性，以玉为鉴，地久天长。

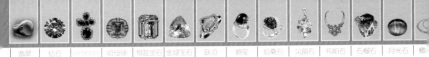
识美 ——软玉的基本性质

矿物名称	化学成分	颜　色	光　泽	透明度
软玉	$Ca_2（Mg，Fe）_5$ $Si_8O_{22}（OH）_2$	浅至深绿色、黄色至褐色、白色、灰色、黑色	玻璃光泽–油脂光泽	透明–不透明

折射率	相对密度（g/cm^3）	硬　度	放大观察	
1.60~1.61	2.95	6~6.5	纤维交织结构，黑色固体包体	

鉴美 ——软玉的简易鉴定方法

1. 结构

软玉的矿物颗粒细小，结构致密均匀，所以软玉质地细腻、润泽且具有高的韧性（如图13-5）。依据软玉矿物颗粒的大小、形态和结合方式可分为毛毡状交织结构、显微叶片变晶结构、显微变晶结构、显微纤维状隐晶质结构、纤维放射状或帚状结构。多为毛毡状交织结构。

2. 颜色

软玉颜色有白色、青色、灰色、浅至深绿色、黄色至黄褐色、墨色等。

➚ 图13-5（a）

各色软玉

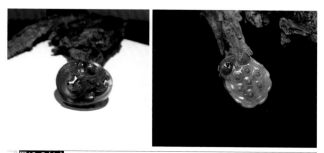

图13-5（b）

各色软玉

3. 光泽和透明度

光泽常与玉的质地和硬度紧密相关，玉质细而硬则光泽强。软玉的光泽常为油脂状或蜡状光泽，具有柔和滋润的感觉（如图13-6）。半透明至不透明，绝大多数为微透明，极少数为半透明。

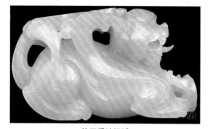

软玉质地细腻

软玉的油脂光泽

图 13-6

4. 韧性、脆性

韧性非常好，是韧性最好的玉石。

5. 内外部显微特征

常含有金属矿物包体，如磁铁矿（如图13-7）等。

| 翡翠 | 钻石 | 金绿宝石 | 祖母绿 | 海蓝宝石 | 金绿宝石 | 琥珀 | 碧玺 | 珍珠石 | 尖晶石 | 托帕石 | 石榴石 | 月光石 |

↗ 图13-7 软玉中的不透明的磁铁矿颗粒状包体

藏美——软玉的选购

软玉主要从以下几个方面评价：

1. 颜色

包括颜色的色调、均匀程度、是否有俏色或杂色。古玉对玉色的要求是"白如截脂"、"黄如蒸栗"、"青如苔藓"、"绿如翠羽"、"黑如纯漆"。以羊脂白玉最为珍贵（如图13-8）。

◣ 图13-8   带俏色羊脂白玉观音雕件

2. 质地

质地要求致密、细腻、坚韧、光洁、油润无瑕、少有绺裂。

3. 光泽

以油脂光泽最好，其次为油脂至玻璃光泽。

4. 块度

块度越大越好，要求完整、无裂。同样的颜色、质地和块度的软玉，带皮的仔料价值较高，其次为山料和山流水。

5. 净度

软玉要求瑕疵越少越好，瑕疵包括石花、石钉、黑点和绺裂等。

图13-9　羊脂白玉瓶（左）　　清代黄色玉花插（右）

金绿宝石

金绿宝石，也称金绿玉，金绿宝石英文为chrysoberyl，由两部分构成，chryso和beryl，前者来自希腊语shryso，意为金黄色，后者就是绿柱石。这个名称高度概括了金绿宝石的颜色特征，一般是浅茶水色、蜜黄色或绿黄色。

↗ 图14-1　　　金绿宝石项链

说起金绿宝石很多人会觉得有些陌生，对大多数人来说也许都听说过猫眼和亚历山大变石，其实这两种宝石都属于金绿宝石的范畴。可以说，金绿宝石在彩色宝石世界里是一个地位尊崇，但人们所知甚少的低调"贵族"。金绿宝石为当今世界5大宝石之一，它之所以位列名贵宝石则是由于它的两个具有特殊光学效应的种类：猫眼和变石，加上之前提到的的金绿宝石以及变石猫眼共同构成了如今的金绿宝石家族。这四位成员行踪隐秘，我们能亲眼得见的机会很少，和他们全都见过面的人士不是宝石收藏家就是顶级珠宝商。金绿宝石本身就是较稀少的宝石品种，其中能形成猫眼和变色效应者就更少，因而十分珍贵。

金绿宝石中，最著名的就是金绿猫眼，它以其丝状光泽和锐利的眼线而成为自然界中最美丽的宝石之一。在亚

洲，猫眼常被当作好运气的象征，深受人们的青睐。人们相信它会保护主人的健康，免于贫困。斯里兰卡人认为猫眼具有预兆妖邪的魔力。

变石，也称亚历山大石(alexandrite)是金绿宝石中另一个珍贵品种，具有奇异的变色效应。传说，在1830年，俄国沙皇亚历山大二世生日的那天发现了变石，故将其命名为亚历山大石。又因为其红绿二色是俄国皇家卫队的代表色，因此变石深受俄罗斯人的喜爱。

当今，变石和猫眼分别与珍珠和欧泊共同作为6月和10月的生辰石。

识美 ——金绿宝石的基本性质

矿物名称	化学成分	颜　色	光　泽	透明度
金绿宝石	$BeAl_2O_4$	浅至中等黄、黄绿、灰绿、褐色至黄褐色	玻璃光泽至亚金刚光泽	透明–不透明

折射率	相对密度（g/cm^3）	硬　度	放大观察
1.746–1.755	3.73	8～8.5	指纹状包体，丝状包体，透明宝石可显示双晶纹，阶梯状生长面

鉴美 ——金绿宝石的简易鉴定方法

1. 金绿宝石

普通金绿宝石多具有黄绿色外观，宝石内部包裹体较少，较透明（如图14-2）。矿物晶体多为板状、柱状或假六方的三连晶（如图14-3及14-4）。

图14-2　黄绿色的金绿宝石

图14-3　金绿宝石假六方三连晶

图14-4　板状柱状晶型的金绿宝石

2. 猫眼

英文名称Cat's eye，是金绿宝石中最著名的品种。猫眼之所以产生猫眼效应，主要在于金绿宝石矿物内部存在大量细小、密集和平行排列的丝状金红石矿物包裹体。金绿宝石中丝状包裹体含量越高，宝石越不透明，猫眼效应越明显（如图14-5）。猫眼具有的一种更有趣现象是：当把猫眼石放在两个聚光灯束下，随着宝石的转动，眼线将

会出现张开与合上的现象，当张开时，会有清楚的区域隔开，当合上时，会形成细细的一条线

当猫眼石放在聚光光源下，并在正确的角度下，宝石的向光一半呈其体色，背光一半则呈现乳白蜜黄色（如图14-6）。猫眼可呈现多种颜色，按质地颜色好坏依次为蜜蜡黄、黄绿、褐绿、黄褐、褐色等。

图14-5 猫眼线清晰的金绿宝石猫眼

图14-6 猫眼的向光一半呈其体色，背光一半则呈现乳白蜜黄色

3. 变石

变石是一种含微量氧化铬（Cr_2O_3）金绿宝石变种，正因为含微量氧化铬（Cr_2O_3），使得金绿宝石具有在烛光及钨丝灯光下呈红色，在日光照射下呈绿色的特殊的变色效应，因此也被誉为是"白昼里的祖母绿，黑夜里的红宝石"，但这也正是变石的珍贵之处。一般来讲，变石这种特征的变色效应可以与自然界其他任何宝石相区别。

变石中最受人欢迎的两种颜色是祖母绿的绿色及红宝石的红色（如图14-7），但实际上，变石很少有达到上述两种颜色的，多数变石的颜色是在非日光下呈现深红色到紫红色，并带有褐色；在自然的日光下，宝石呈淡黄绿或蓝绿色。同样，由于有较微色调的褐色存在，宝石的亮度降低至中等程度。

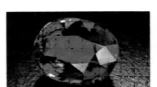

图14-7　金绿宝石变石的变色效应——钨丝灯光下呈红色，在日光照射下呈绿色

藏美——金绿宝石的选购

1. 猫眼

猫眼石的质量评价可通过颜色、眼线的效果、匀称程度、重量等几方面进行。

图14-8　蜜蜡黄色的金绿宝石猫眼

（1）颜色：较强的淡黄绿色、棕黄色(蜜蜡黄色)是猫眼石的最佳颜色（如图14-8），绿色与蜜蜡黄色相比，绿色的价值略低一级，略深的棕色体色如显得突出，其价值将比绿色还低一级，很白的黄色和很白的绿色，价值就更低一些。绿色的品种可以与亮棕色卖到同一价格水准，最差的颜色是灰色。

（2）眼线：最好的猫眼线，应该是狭窄的，界线清晰，并显活光，并且位于宝石的正中央。关于眼线的颜色，有人喜欢银白的颜色，而有人则偏爱金黄色的线，而绿色和蓝白色的线，较为受冷背景形成鲜明对照，要显得干净利落。眼要能张得大，越大越好，合起来要锐利（如图14-9）。

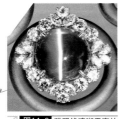

图14-9　猫眼线清晰平直的金绿宝石猫眼

（3）匀称程度：匀称程度也

是评价猫眼石的重要因素，为了充分利用原石，宝石工匠常常把猫眼石的底部留的很厚，以致难以合理地镶嵌。有时保持适当厚度，会提高宝石的整体美观性。但过分的大厚底，则明显是为了增加重量，多卖钱，这样做的结果往往适得其反，使宝石失去完整的美观性，加工镶嵌也较困难，因此得不到消费者认同。

（4）重量：在合理加工的前提下，重量越大，价值越高。

2. 变石

变石的质量评价主要从变色效应的完美程度、透明度、净度、重量和切工等方面进行。

（1）变色效应：在日光下，颜色越接近祖母绿色越好；而在非自然光下，颜色是越接近红宝石的红色越好。有这种颜色变化的宝石，它的价值最高，但实际上，有上述颜色效果的变石非常稀少，多数颜色只是红得似石榴石，绿的似绿色电气石。

（2）透明度和净度：透明度和净度越高，价值越高。

（3）重量：变石大的晶体不多见，在一般的情况下，破裂得比较厉害，所以小粒的宝石多，大粒的宝石少。因此，重量对宝石价值的影响极大，重量越大，价值越高。

（4）切工：变石往往被切磨成刻面型（如图14-10）。加工质量越高，宝石价值越高。

 图14-10　　　　　　　　　　　刻面型金绿宝石变石

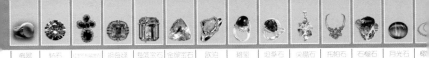

坦桑石

还记得《泰坦尼克》中露丝戴的那克巨大的宝石吊坠海洋之心吗？露丝的美丽和宝石的动人让杰克神魂颠倒。而这颗宝石正是神秘而珍贵的坦桑石（如图16-1）。

的确，坦桑石无愧于她的声誉，她那华贵的蓝色、紫罗兰色、靛青色、淡紫色、深蓝色等是那么纯净诱人（如图16-2）。近年来，坦桑石的市场需求连年飙升，已超过了各种有色宝石，唯一例外的只有蓝宝石。人们说，坦桑石是新千年时尚宝石，她的稀少性超过了钻石的一千倍。她的发现更加神奇。1962年的夏天，在坦桑尼亚的草原上发生了一场大火。大火过后，在黑色的焦土上面人们发现了一种幽蓝深邃，让人着迷的宝石。原来，是坦桑石的原石在经历了大火高温后像凤凰般出世。消息传出后，四处寻找

图15-1　　　　　　　　　　　海洋之心项链坠

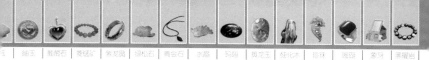

图15-2　坦桑石项坠

新品种的珠宝商便来打探。1969年，纽约的Tiffany公司就以出产国的名字来命名这种宝石—Tanzanite，并把它迅速推向国际珠宝市场。喜欢追求新奇的美国妇女们立刻成了它的买主。每年出产的坦桑石80％是销往美国，高达3亿多美元，其次是欧洲。

坦桑石很快引发了全世界流行风暴，人们将其称为"20世纪的宝石"。由于全球日益共赏，对这一宝石的需求猛增，1998和1999两年中，坦桑石登上了世界最畅销彩色宝石的榜首。2002年坦桑石被选择作为十二月的诞生石(这是自1912年以来诞生石表的首次变更)，她被看成庆祝新生命或新开始的理想之石。

识美——坦桑石的基本性质

矿物名称	化学成分	颜色	光泽	透明度
黝帘石	$Ca_2Al_3(Si_2O_7)(SiO_4)O(OH)_3$	蓝、紫蓝至蓝紫色	玻璃光泽	透明–不透明
折射率	相对密度（g/cm³）	硬度	放大观察	
1.691～1.770	3.35	8	气液包体、阳起石、石墨和十字石等矿物包体	

——坦桑石的简易鉴定方法

1. 常见柱状或板柱状晶体（如图15-3）。

2. 体色为特征的蓝紫色（如图15-4）。

3. 具有很强的三色性，从不同的角度透光观察可见蓝色、紫红色和黄绿色（如图15-5）。

🏷 **图15-3**　　坦桑石柱状或板柱状晶体

🏷 **图15-4**　　坦桑石特征蓝紫色体色

🏷 **图15-5** 坦桑石从不同方向观察有强的三色性

玉 | 岫玉 | 葡萄石 | 菱锰矿 | 紫龙晶 | 绿松石 | 青金石 | 水晶 | 玛瑙 | 黄龙玉 | 硅化木 | 珍珠 | 珊瑚 | 琥珀 | 黑曜岩

藏美——坦桑石的选购

1. 颜色

坦桑石主要以蓝紫色为最佳，其中颜色越鲜艳，颜色饱和度高为最佳（如图15-6）中左起第一粒及第七、第八粒。

图15-6　坦桑石颜色分级

2. 净度

净度和坦桑石的自然瑕疵及包裹体有关，越干净无瑕疵的越珍贵（如图15-7及图15-8）。

图15-7　裂隙较多的坦桑石晶体

图15-8　内部洁净的坦桑石刻面型宝石

3. 切割

切割也是影响坦桑石火彩与比例的关键因素，完美的切割能使其达到最好的火彩（如图15-9）。

图15-9　切工完美有较好火彩的坦桑石戒面

岫 玉

岫玉是中国古老的传统玉种之一，在新石器时代，我国的先民们就已经开始使用岫玉了，如红山文化发掘的玉器中，许多就是用岫玉制成的；汉代的金缕玉衣大部分也是由岫玉片制成的。唐诗中"葡萄美酒夜光杯"中的夜光杯就是用产于酒泉的岫玉制成的。因此，岫玉有中国四大名玉的美称。岫玉也是我国目前玉雕工艺品种使用最广的玉种之一，作为国礼《开放的中国》入世纪念品——玉璧（如图16-1），也是由岫玉所制。

图16-1　《开放的中国》入世纪念品——玉璧

识美——岫玉的基本性质

矿物名称	化学成分	颜色	光泽	透明度
蛇纹石玉	$(Mg, Fe, Ni)_3Si_2O_5(OH)_4$	常见暗绿色——黄绿色	蜡状光泽——玻璃光泽	透明-不透明

折射率	相对密度 （g/cm³）	硬 度	放大观察
1.56 ~ 1.57	2.57	2.5 ~ 6	可见少量黑色矿物、白色、褐色条带或团块。叶片状、纤维状交织结构。

——岫玉的简易鉴定方法

　　结构呈隐晶致密块状体，质地细腻，具滑感；蜡状光泽（如图16-2）；常在黄绿色基底中存在着黑色矿物包体以及白色棉絮状物。

　▷ **图16-2** 岫玉的蜡状光泽

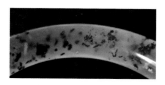

　▷ **图16-3** 岫玉的黑色矿物包体

　▷ **图16-4** 染色岫玉颜色鲜亮异常不似自然颜色柔和并且沿矿物裂隙分布

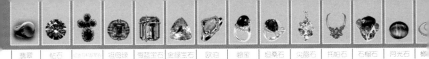

藏美——岫玉的选购

影响岫玉质量的主要因素包括颜色、透明度、工艺、大小和净度五个方面。

1. 颜色

以绿色系的岫玉较为受欢迎。一般情况下，岫玉的颜色比较均匀。如果含有较多云朵状的白斑或黑色的矿物包裹体，从而导致颜色分布不均匀或形成条带，其质量就会下降。

2. 透明度

一般来说，透明度高的岫玉具有更高的价值，而近于不透明、蜡状光泽比较弱、结构较为粗糙的，则质量较差。

3. 工艺

岫玉本身的价值相对较低，并以摆件为主，因此岫玉的工艺是影响岫玉成品质量较重要的一项因素。

4. 大小

大块的岫玉原料，相对更容易获得，因此，对岫玉而言达到特级品的质量必须在50kg以上。

5. 净度

岫玉中影响净度的主要原因有裂纹、棉和矿物包裹体，其中以裂纹和黑色包裹体的影响最为明显。

图16-5 　　　　　　　　　　　品质较好的岫玉饰品

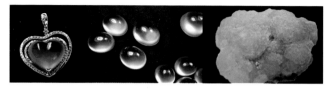

图17-1   葡萄石

　　葡萄石色泽多呈绿色，其原石面上有一颗颗凸起的色块，状如葡萄，故得名"葡萄石"。葡萄石圆润光洁、晶莹可爱，以颗粒与底色对比明显、粒大形圆，呈浮雕状亦能构成图形者为佳。葡萄石有的由碎石磨圆后的粒状物经再次包裹石化而成；也有的是在成岩过程中由地层高温高压等地质作用，岩石内部物质置换凝聚而成。有的葡萄石上有一些构造纹理或裂缝穿插于葡萄颗粒间，状似朵朵梅花附生枝上的则被称为梅花石。

　　葡萄石近一两年来在国际上深受许多设计师的喜爱，尤其在台湾亦掀起一阵旋风，其主要原因是在许多具备类似翡翠外貌的天然宝石中,以葡萄石所拥有的条件最具优势。葡萄石通透细致的质地、优雅清淡的嫩绿色、含水欲滴的透明度、神似顶级冰种翡翠的外观，而且价格经济实惠。现在市面上常见的葡萄石大多为河北产的无色葡萄石，且大多为集合体，经加工后非常类似无色翡翠。因此有些商人会把优质的葡萄石当做优质翡翠的替代品，消费者在购买时也需要注意区分

| 117

识美——葡萄石的基本性质

矿物名称	化学成分	颜 色	光 泽	透明度
葡萄石	$Ca_2Al(AlSi_3O_{10})(OH)_2$	常见深绿–绿灰绿–绿，绿–黄绿黄绿–黄，无色	玻璃光泽	透明–不透明

折射率	相对密度（g/cm^3）	硬 度	放大观察
点测1.63	2.80–2.95	6–6.5	常可观察到纤维状结构，放射状排列

鉴美——葡萄石的主要鉴定特征

最为主要的鉴定特征就是葡萄石特征的颜色及独特的结构，总体来说绿色调为主的葡萄石则其颜色必定带黄色或者灰色调，黄色调为主的葡萄石，则通常颜色比较亮却不鲜艳带有灰色调，综合来说就是颜色不够纯。用肉眼或放大观察常可见其内部呈现纤维结构、放射状结构（如图17-2）。

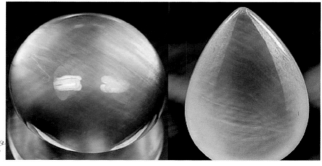

图17-2   葡萄石纤维状结构

岫玉 | 鸡血石 | 菱锰矿 | 寿山石 | 绿松石 | 青金石 | 水晶 | 珍珠 | 美龙王 | 硅化木 | 珍珠 | 珊瑚 | 象牙 | 黑曜岩

藏美 ——葡萄石的质量评价

市场上常见葡萄石成品为手链、戒面、挂件等，一般可据颜色、质地、透明度、起"荧光"程度、净度、重量、加工工艺等评价其质量。上好的葡萄石通常为集合体，深绿色（如图17-3）。

🔺 **图17-3**　　　　　　　　　　　　　　　　　　　　优质葡萄石

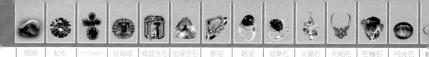

菱锰矿

◥ **图18-1** 阿根廷菱锰矿——印加玫瑰 ◥ **图18-2** 高品质菱锰矿晶体

红纹石的矿物名称又为菱锰矿（如图18-1），其名字来源于希腊语 "rhodon" 和 "chrosis"，意为其颜色为玫瑰色；Rhodochrosite一字，来自两个希腊字，分别指玫瑰（Rose）和颜色（Color），以象征红纹石特殊的色彩。取其粉红基色中分布白色条带花纹之现象。此种多为集合体，由于硬度低，是一种较好的雕刻材料。虽然世界许多国家都产菱锰矿，但真正能作为收藏品的菱锰矿却非常的少，近百年来只有美国、秘鲁、阿根廷、罗马尼亚、日本、南非和中国有极少量的产出，其中以南非、美国、秘鲁、阿根廷四国产出的最好。阿根廷的菱锰矿比较独特，它是属于沉积型的，外表完整光滑，切开来看，是一圈圈颜色鲜亮、红白相间的花纹（如图18-2）。被人形象地称为"印加玫瑰"。

识美 ——菱锰矿的基本性质

矿物名称	化学成分	颜色	光泽	透明度
菱锰矿	$MnCO_3$	淡玫瑰红色或淡紫红色。致密块体在粉红色底色上有白、黄、灰白、褐黄色条带，也有红色和粉色相间的条带（如图18-3和图18-4）	玻璃光泽（如图18-5）	透明–不透明

折射率	相对密度（g/cm^3）	硬度	放大观察
点测常为1.60	3.60	3~5	粉红色基底上常有白色物质呈锯齿状或波纹状分布

图18-3   菱锰矿晶体

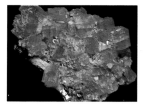

图18-4   紫红色菱锰矿

图18-5 透明的菱锰矿具有玻璃光泽

鉴美——菱锰矿的简易鉴定方法

1. 颜色

特征的粉红色，内常有白色物质呈锯齿状或波纹状分布（如图18-6）。

2. 遇酸起泡

3. 硬度较低，表面易刮伤

> 图18-6

红纹石红粉相间的条带

藏美——菱锰矿的选购

宝石级菱锰矿要求高透明度和鲜艳的颜色（如图18-7）。玉石类则要求大块度、少裂纹、颜色鲜艳。

> 图18-7

高品质的红纹石饰品

紫龙晶

　　紫龙晶学名查罗石，又叫紫硅碱钙石，是常见玉石的一种。其颜色鲜艳，以紫色为主，与白色成细长纤维状无定向缠绕"扭"在一起，有时还有少量深绿色的斑块局部分布，似群龙飞舞，故称紫龙晶（如图19–1）。

↗ **图19–1**　　　　　　　　　　紫龙晶

识美——紫龙晶的基本性质

矿物名称	化学成分	颜 色	光 泽	透明度
查罗石	$(K,Na)_5$ $(Ca,Ba, Sr)_8$ $(Si_6O_{15})_2$ $Si_4O_9(OH,F) \cdot 11H_2O$	浅紫至紫、紫蓝色，可含有白色、金黄色、黑色、褐色、棕色斑点	玻璃光泽至蜡状光泽，局部丝绢光泽	半透明至微透明

折射率	相对密度（g/cm³）	硬 度	放大观察	其他
1.550–1.559	2.68	5～6	纤维状结构，常显色斑	通常为非均质集合体

鉴美——紫龙晶的简易鉴定方法

　　紫龙晶为纤维状结构，紫色的纤维状查罗石周围常围绕灰白色斑点、斑块，偶见金黄色、黑绿色、褐色斑点（如图19-2）。其特有的颜色、结构和光泽不难将其鉴别，一般不容易与其他宝石相混淆。

图19-2　　　　　　　　　　　　　　　　　　　　　紫龙晶的纤维状结构

　　紫龙晶具有优雅纯正的紫色，间或有白色螺旋条纹状，形成一种非常独特的美丽（如图19-3）。从成色上看，颜色越深紫越好，除了白纹之外的共生矿石，越少越好。最好的查罗石颜色纯正，紫红色鲜艳、均匀、质地细腻，无肉眼可见的白色及褐色杂质，半透明，局部显示强的丝绢光泽，块度大（如图19-4）。

图19-3　　　　　　　　　　　　　优质紫龙晶手镯

图19-4　　　　　　　　　　　　　颜色好光泽强的紫龙晶挂件

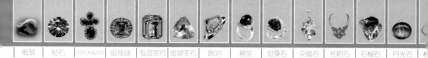
绿松石

绿松石是我国"四大名玉"之一,自新石器时代以后历代文物中均有不少绿松石制品,是有着悠久历史和丰富资源的传统玉石。古人称其为"碧甸子"、"青琅秆"等等,欧洲人称其为"土耳其玉"或"突厥玉"。

在我国各民族中,绿松石用得最多的,要数藏族人民。基本上每个藏民都拥有某种形式的绿松石。对藏南的已婚妇女来说,秀发上的绿松石珠串是必不可少的,它表达了对丈夫长寿的祝愿。头发上不戴任何绿松石被认为是对丈夫的不敬。

图20-1

绿松石原石

识美 ——绿松石的基本性质

矿物名称	化学成分	颜　色	光　泽	透明度
绿松石	$CuAl_6(PO_4)4(OH)_8 \cdot 5H_2O$	浅至中等的蓝色、绿蓝色至绿色（如图20-2）	蜡状光泽、油脂光泽	不透明

折射率	相对密度（g/cm³）	硬　度	放大观察
点测常为1.62	2.76	3~6	绿松石上经常有褐色、黑色的纹理或色斑，俗称铁线。另外在蓝色、绿色的基底上还常见一些细小的、不规则的白色纹理和斑块。

◢ 图20-2 　　　　　　　　　　　　　　各色绿松石

鉴美 ——绿松石的简易鉴定方法

　　绿松石以其独特的天蓝色，并常伴有白色细纹、斑

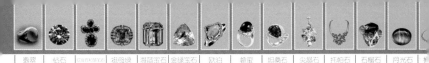
点、褐黑色网脉（铁线）或暗色矿物杂质为主要鉴别特征（如图20-3）。再辅之以蜡状光泽、较低的硬度，易于与其他宝石相区别。

图20-3 绿松石的黑色铁线

颜色苍白或质地松散的绿松石，一般需要进行人工优化处理，以改变其颜色和外观。市面上比较常见的是注入处理的绿松石。

注入处理的作用是加深绿松石的颜色，掩盖裂隙和孔隙，增强结构的稳定性。

注入处理的鉴别：

（1）注油或蜡：用热针接近绿松石不重要部位的表面（不要接触），在放大镜下观察，可以看到"出汗"现象。

（2）注塑：处理后绿松石表面蜡状光泽明显（如图20-4），用热针的针尖接触绿松石不显眼的部位一下（不超过3s），有塑料燃烧时的特殊气味。

（3）注玻璃料（硅胶）：显微镜下，玻璃具有气泡和收缩纹。

图20-4 注塑绿松石蜡状光泽明显

藏美——绿松石的选购

根据颜色、光泽、质地和块度，我国将绿松石划分为3个等级：

一级绿松石呈鲜艳的天蓝色，颜色纯正、均匀光泽

强，半透明至微透明，表面有玻璃感，质地致密、细腻、坚韧、无铁线或其他缺陷，块度大，亦称为瓷松（如图20-5）。

二级绿松石呈深蓝、蓝绿、翠绿色，光泽较强微透明，质地坚韧，铁线及其他缺陷很少，块度中等。

图20-5　　　优质的瓷松

图20-6　　　品质上乘的绿松石

三级绿松石呈浅蓝、蓝白、浅黄绿等色，光泽较差，质地比较坚硬，铁线明显或白脑 、白筋、糠心等缺陷较多，块度大小不等。

白脑：指在天蓝或蓝绿底色上存在的白色和月白色的星点或斑点，这是由石英、方解石等矿物造的。白筋：指具有细脉白脑的绿松石（如图20-7和20-8）。

保养：绿松石是一种非耐热的玉石，在高温下绿松石会失水、爆裂，变成一些褐色的碎块。在阳光的照射下也会发生干裂和褪色。绿松石在酒精、芳香油、肥皂水和其他一些有机溶剂作用下，可发生褪色，而变成棕绿色。

图20-7　　　绿松石中的白脑

图20-8　　　绿松石中的白筋

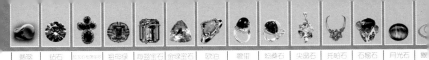

青金石

就青金石的外表而言，她是一种非常特别的宝石，有别于其他宝石而个性独特。就开采来说，她是比较稀有的多晶质宝石，世界上以阿富汗巴达什哈产的青金石最为著名，但随着阿富汗的时局动荡，她的开采与进出口贸易也变得艰难，这样一来，就令她更为稀罕。

青金石与天色相近的色彩使得她在佛教活动和古时帝王生活中都占有重要而独特的地位。

青金石之颜色是佛教中药师佛的身色，故而人们认为常佩戴青金石能够保佑健康，远离病痛。她也常用于雕刻佛像、达摩、瓶、炉等。

另一方面，人们因她的颜色称她为"天石"，皇帝为天子，因此又将她的颜色称作"帝王青"、"帝青色"。她也很受帝王器重，有"以其色青，此以达升天之路"的说法，

故而多用于制作皇帝的葬器。在隋代，不论是朝珠还是朝带，都重用青金石，就是以朝服顶戴而论，青金石也被列为四品官顶。《清会典图考》中就有"皇帝朝带，其饰天坛用青金石"的记载以证明。

青金石还曾有一个用途是做绘画的颜料。据说从古希腊和古罗马时代到文艺复兴时期，青金石被研磨成粉末，制成群青颜料，用在很多世界著名的油画上。且著名的敦煌莫高窟千佛洞，自北朝到清代的壁画，彩塑上也都用青金石做原料。在中国古代，人们还用她研成粉末制作化妆品来描眉。

图21-1 青金石项链

从佛教活动与帝王生活的用途，到民间绘画与女性化妆品的参与，青金石一个华丽的转身，在天与民之间，划下了一道优美的弧度。

识美 ——青金石的基本性质

矿物名称	化学成分	颜色	光泽	透明度
青金石	（NaCa）$_8$（AlSiO$_4$）$_6$（SO$_4$，Cl，S）$_2$	深绿蓝色、紫蓝色，常有铜黄色黄铁矿色斑	抛光面呈玻璃光泽至蜡状光泽	不透明

折射率	相对密度（g/cm^3）	硬度	放大观察
1.50	2.75	5~6	粒状结构，常含方解石、黄铁矿

根据矿物成分、色泽、质地等工艺美术要求，可将青金石分成以下4个品种。

1. 青金石

即"波斯青金石"（如图21-2），其中青金石矿物含量大于99％。无黄铁矿，即"青金不带金"。其他杂质极少，质地纯净，呈浓艳、均匀的深蓝色，是优质上品。

图21-2　　波斯青金石

2. 青金岩（如图21-3）

其中青金石含量为90％～95％或更多一些，含稀疏星点状黄铁矿，即所谓"有青比带金"和少量其他杂质，但无白斑。质地较纯，颜色为均匀的深蓝、天蓝、藏蓝色，是青金石中的上品

图21-3　　青金岩

3. 金克浪

含大量黄铁矿的青金石致密块体，这种玉石抛光后像金龟子的外壳一样金光闪闪（如图21-4）。由于大量黄铁矿的存在，这种玉石的相对密度可达4g/cm³以上。

图21-4　　金克浪

4. 催生石（如图21-5）

指不含黄铁矿而混杂较多方解石的青金石品种，其中以方解石为主的称"雪花催生石"，淡蓝色的

图21-5　　催生石

称"智利催生石"。古传这类青金石因能帮助妇女催生孩子而得名。

鉴美——青金石的简易鉴定方法

图21-6 黄铁矿粒呈颗粒状，方解石呈脉状分布

1. 蓝色部分呈团块状分布，夹杂白色的其他矿物成分。

2．天然材料中的黄铁矿以小斑块或条纹状出现，轮廓不规则。（如图21-6）

3. 天然青金石边缘呈现微透明状。

藏美——青金石的选购

青金石的品级是根据颜色，所含方解石、黄铁矿的多少而定的，最珍贵的青金石应为紫蓝色，且颜色均匀，完全没有方解石和黄铁矿包裹体，并有较好光泽。

青金石中的方解石尤其大块白色方解石包裹体的存在会使青金石价值降低。

青金石通常被制成弧面形的戒面，也可制成雕刻品、钟壳、表盘、烟盒等饰品，有时也做装潢材料。

水 晶

　　中国古时，人们对水晶有着多样的称谓：水玉，意为似水之玉，传说是千年之冰所化，唐代花间词派诗人温庭筠写有"水玉簪头白角巾，瑶琴寂历拂轻尘"之诗句，古人好其莹如水、坚如玉的品性；水碧，这样的称呼出现在中国古老的富于神话传说的地理书《山海经》里；水精，佛家《具光明定意经》说"其所行道，色如水精"，而《平等觉经》认为，她是佛家七宝之一，可普度众生，尊崇她为"菩萨石"。

　　可见，从传说到佛经，从饰品到佛家七宝，人们均倾倒于水晶的空灵、清纯、净透。在她出于俗世却纤尘不染的气质中，隐含着心灵的澄明，这正是生活在喧嚣时代中的我们，所想追求的。

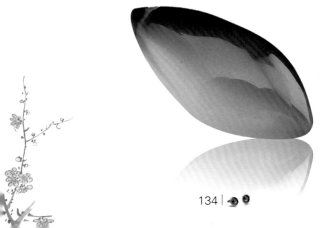

识美——水晶的基本性质

矿物名称	化学成分	颜 色	光 泽	透明度
水 晶	SiO_2	无色、紫、黄、褐、绿、粉色等	玻璃光泽	透明-半透明
折射率	相对密度（ g/cm^3 ）	硬 度	放大观察	
1.544~1.553	2.66	7	色带、针状金红石、固体包体、负晶等	

水晶的种类

1. 水晶（如图22-1）

无色透明，内部可含各种液态、固态包体，市场上较为多见。

图22-1　　　　　　　　　　　　　　　　白水晶

2. 紫水晶（如图22-2）

具有蓝紫色、红紫色、深紫色、浅紫色等多种颜色。放大观察可见紫水晶内部常分布有色带、色块。紫水晶颜色不太稳定，在加热或阳光暴晒下紫晶会发生褪色。

3. 黄水晶（如图22-3）

图22-2 从左至右：紫水晶岩洞 紫水晶手链 紫水晶戒面

图22-3 黄水晶晶体（左） 黄水晶手链（右）

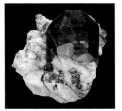 

图22-4 晶体（左） 首饰（右）

自然界中天然黄水晶产出较少，目前多用紫晶热处理或者人工合成得到。

4. 烟晶、茶晶、墨晶（如图22-4）

因含微量杂质元素或受放射性物质辐照，致使水晶呈现烟黄色、茶色、黑色而得名。烟晶在加热后颜色会褪去变为无色水晶，其内部含有丰富的气液包体。

5. 粉晶（又称芙蓉石、蔷薇水晶）。（如图22-5）

↗ **图22-5** 品质一般的粉晶手链（左） 品质较好的粉晶吊坠（右）

淡红色、粉红色、玫瑰红色的块状石英，在加热和长时间日晒下，会褪色。芙蓉石的单晶体少见，通常为块状，透明度较低。个别芙蓉石内部含有细小的金红石针包体，可显现透射星光。

6. 双色水晶（如图22-6）

因水晶内双晶导致的紫色和黄色共存一体的现象，紫色、黄色分别占据晶块的一部分，两种颜色的交接处有着清楚的界限。

↗ **图22-6** 紫色、黄色双色水晶

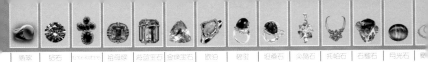

图22-7　各类别的发晶：绿发晶（上排1）　红发晶（上排2）　发晶（上排3）
黑发晶（上排4）　金发晶（下排1、2）

7. 发晶（如图22-7）

水晶内部含有肉眼清晰可见的针状矿物包体，根据包体颜色的不同可以形成不同的发晶。

8. 幽灵水晶（如图22-8）

在水晶的生长过程中，包含了不同颜色的火山泥等矿

物质，在通透的白水晶里，浮现如云雾、水草、漩涡甚至金字塔等天然异象，内包物颜色为绿色的则称为绿幽灵水晶，同样道理，因火山泥灰颜色的改变，也会形成

图22-8　绿幽灵（左）　红幽灵（右）

红幽灵、白幽灵、紫幽灵、灰幽灵水晶等。

9. 石英猫眼（如图22-9）

水晶中含有大量纤维状石棉包体，经琢磨后可产生猫眼效应。

图22-9　　　　　石英猫眼

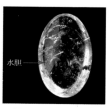

图22-10　　水胆水晶

10. 水胆水晶（如图22-10）

透明水晶内部含有肉眼可见的大型液态包体被称作水胆水晶。

鉴美——水晶的简易鉴定方法

1. 用手去触摸水晶，天然水晶有冷而凉爽的感觉。

2. 天然水晶在形成过程中，往往受环境影响总含有一些杂质，对着太阳观察时，可以看到淡淡的均匀细小的横纹或柳絮状物质。

3. 天然水晶硬度大，用碎石在饰品上轻轻划一下，不会留痕迹。

市场中混有大量人造水晶，需要送权威质检机构的实验室确认结果。

藏美——水晶的选购

1. 水晶石越大越好，越透越好，颜色越娇嫩越好，形状越典型越好。

2. 主要从颜色和净度评价水晶品质。

玛 瑙

　　一千多年前，一只玛瑙所雕刻成的酒杯在王孙贵族们的酒筵上得以展示，人们争相一睹她的芳容。玛瑙杯在人们的手中小心翼翼地传递着，酒杯的明丽色彩、圆润光泽在烛光中流转，引得人们连连赞叹。一时间，仿佛美酒美食、轻歌曼舞都不能再拉回人们的眼光，这只玛瑙杯当仁不让地成为酒筵上的焦点。

　　"瑶溪碧岸生奇宝，剖质披心出文藻。良工雕饰明且鲜，得成珍器入芳筵。含华炳丽金尊侧，翠罍琼觞忽无色。繁弦急管催献酬，倏若飞空生羽翼。湛湛兰英照豹斑，满堂词客尽朱颜。花光来去传香袖，霞影高低傍玉山。王孙彩笔题新咏，碎锦连珠复辉映。世情贵耳不贵奇，漫说海底珊瑚枝。宁及琢磨当妙用，燕歌楚舞长相随。"唐代诗人钱起的一首《玛瑙杯歌》，将唐朝时人们丰富多彩的生活描述得生动淋漓。在这样的生活中，玛瑙杯之绝色，一点也不逊于金樽玉盏，甚至更高一筹，为坐在筵席之中歌舞升平或居于清阁雅筑吟诗作赋的唐人提供了又一个浪漫元素。

时至今日，玛瑙依然受到许多人的喜爱，经过工匠的设计、打磨、制作，成为各式各样的装饰品，走进人们生活的每个角落。

一块玛瑙，在一千多年后，将浪漫与对浪漫的热情同样带进了今人的生活。

——玛瑙基本性质

矿物名称	化学成分	颜　色	光　泽	透明度
石英	SiO_2	各种颜色，多见红色、黑色、白色等	玻璃光泽	透明

折射率	相对密度（g/cm^3）	硬　度	放大观察
1.544 ~ 1.553	2.66	7	条带状构造，隐晶质结构

玛瑙的种类：

1. 按颜色分类

白玛瑙：灰白色，大部分需烧红或染色（注：玛瑙染色属优化，不是处理）后使用。

红玛瑙：浅褐红色，Fe^{3+}致色。市场上出现的红玛瑙多是由热处理或人工染色而成的。

绿玛瑙：淡灰绿色，由所含绿泥石致色。少见。市场上出现的绿玛瑙多是由人工染色而成的

蓝玛瑙：巴西产，蓝白相间条纹界限十分清楚。少见。

紫玛瑙：以葡萄紫色为佳。少见。

2. 按条带或条纹分类（如图23-1）

缟玛瑙：亦称条带玛瑙，一种颜色相对简单、条带相对平直的玛瑙，常见的缟玛瑙可有黑白相间条带，或红、白相

图23-1　缟玛瑙（左）　　　　　　　　　　缠丝玛瑙（右）

间条带。

　　缠丝玛瑙：当缟玛瑙的条带变得十分细窄而呈条纹状时，称为缠丝玛瑙。较名贵的一种缠丝玛瑙是由缠丝状红、白或黑相间的条纹组成。

3. 按杂质或包体分类

　　苔纹玛瑙（图23-2）：或称水草玛瑙，为一种具苔藓状、树枝状图形的含杂质玛瑙。它是半透明至透明无色或乳白色的玛瑙中，含有不透明的铁锰氧化物和绿泥石等杂质，其杂质组成形态似苔藓、水草、柏枝状的图案，颜色以绿色居多，也有褐色、褐红色、黄色、黑色等单颜色或不同颜色的混杂色等，构成各种美丽的图案。

图23-2　　　　　　　　　　　　　　　　　　苔纹玛瑙

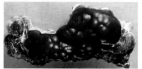

图23-3　　　　　　　　　　　　　　　火玛瑙

　　火玛瑙（如图23-3）：这种玛瑙结构呈层状，层与层之间含有薄层的液体或片状矿物等包裹体，当光线照射时，可产生薄膜干涉效应，会闪出火红色或五颜六色的晕彩。

　　水胆玛瑙（如图23-4）：封闭的玛瑙晶洞中包裹有

图23-4　　　　　　　　　　　　　　　水胆玛瑙

天然液体（一般是水），称为水胆玛瑙。当液体被玛瑙四壁遮挡时，整个玛瑙在摇动时虽有响声，但并无工艺价值；当液体位于透明-半透明空腔中时，才有较大的工艺价值。

图23-5　　闪光玛瑙

　　闪光玛瑙（如图23-5）：由于光的照射，使玛瑙条纹产生相互干扰，出现明暗变化，抛光后更易发现。当入射光线照射角度变化时，其暗色影纹亦发生变化，十分美观而有趣。此品种比较稀少。

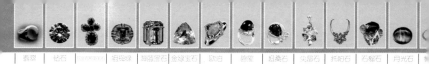

鉴美——玛瑙的简易鉴定方法

假玛瑙多为石料仿制，较真玛瑙质地软，具条带状构造的隐晶质石英质玉石。按照颜色、条带、杂质或包体等特点可细分出许多品种。

藏美——玛瑙的选购

玛瑙的评价与选购看重的是颜色、透明度、质地。宝石学要求上乘玛瑙颜色要鲜艳、纯正，色层要厚；玛瑙制品表面要光洁，透明度高；玛瑙环带和花纹要均匀、明晰；玛瑙质地要细腻、坚韧，无裂纹或少裂纹。在颜色、透明度和质地都理想的前提下，块头越大越好。各种级别的玛瑙，都以红、蓝、紫、粉红为最好，并且要求透明、无杂质、无沙心、无裂纹。

黄龙玉

　　黄龙玉有了一个漂亮的名字，人们也认识到了黄龙玉的商业价值，短短几年里，她作为石英质玉石品种之一，以其独特的颜色、温润的质地、精美的雕工享誉全国，得到了越来越多的消费者的认知与认可，身价涨了几十倍甚至上千倍。就好像一个幽居空谷的绝代佳人，原本不识得自己的美，突然被人所发现并带到世人面前，她的美貌和内涵都得到了极大的认可，从此实至名归。

　　黄龙玉是继新疆和田玉、缅甸翡翠之后发现的优质玉种，一种品质极高的翠玉。主色调为黄色，也有羊脂白、青白、红、黑、灰、绿、五彩等颜色，有"黄如金、红如血、绿如翠、白如冰、乌如墨"之称。黄色在中国文化中有着极为特别的意义：是皇帝的专用色，龙袍常以黄色作底色；也是宗教中大量使用的颜色，许多菩萨塑像都涂以黄色的金粉或贴上金箔。因而，黄龙玉以端庄大气，象征了帝王之尊和佛家意境。

　　2011年2月1日实施的国家标准《珠宝玉石名称》GB/T 16552－2010明确规定，玉髓的亚种黄玉髓（黄龙玉）是

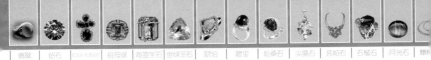

为天然玉石基本名称，主要组成矿物为石英。这次明确，无

图24-1 　　　　　　　　　　　　　　　　　　　各种颜色的黄龙玉雕件

疑将会使黄龙玉更加引人注目。

　　黄龙玉终于被带出了深山，而她的经历，在多年以后，也将不失为一段传奇。

识美——黄龙玉的基本性质

　　黄龙玉主色调为黄色，也有羊脂白、青白、红、黑、灰、绿、五彩等颜色（如图24-1）。黄色在中国文化中最为尊贵并具有神秘的色彩，为皇室与宗教专用。

矿物名称	化学成分	颜　　色	光　泽	透明度
石英	SiO_2	黄色、羊脂白、青白、红、黑、灰、绿、五彩等	玻璃光泽	透明
折射率	相对密度（ g/cm³ ）	硬　　度	放大观察	
1.54~1.55	2.66	7	隐晶质结构	

鉴美——黄龙玉的简易鉴定方法

　　黄龙玉可以通过肉眼观察的方法来确定，包括颜色、形状、透明度、光泽、特殊光学效应、解理、断口以及某些内、外部特征。呈匀净的半透明状，对光观察时玉料的边缘或较薄的部分有橙黄色透光现象，用电筒照射的时候，光晕较宽，贴切边缘照射时常可透光到3~6厘米，由于加工好的成品质地细密、纯净而清透，无杂质。所以抛光后效果极好，细腻柔润而清亮灵动（如图24-2）。

藏美——黄龙玉的选购

　　石之美者为玉，那最基本的当然是要玉化度好的才能算好。简单地说，透明度高、质地细腻、瑕疵少的黄龙玉，就是好的贵的。展开来说的话：先看底子，无论是什么颜色的，透明度是最重要的；然后是细腻，最好的黄龙玉是那种通体都蜡质很强、肉眼看不到晶体颗粒的；其次是看颜色，是以一件工艺品上颜色越多越好、以颜色清爽而鲜活而飘逸为好、以颜色入眼感觉漂亮为好、以稀少颜色为好；最后是看瑕疵，有无脏点、石筋、萝卜丝纹路是

黄龙玉手机链　　黄龙玉手镯　　黄龙玉挂件

黄龙玉手玩件　　黄龙玉原石　　黄龙玉摆件

各种黄龙玉的水草花件

图24-2　　　　　　　　　　　　　　　　市场上常见的黄龙玉样品

否细而具有独特风韵、有无裂纹缺口、有无死蜡。

1. 种

　　黄龙玉是隐晶质矿物集合体，其质地越细腻就越好，表现为抛光度好，籽料的手感细腻柔美，有丝绸般的质感。有些虽肉眼看不出玉内的晶粒，但在抛光过程中，或者籽料水洗度上可明显感觉得出的，其"种"为一般，如果说凭肉眼即可看出晶粒者，则评为差。种的好坏直接决定黄龙玉的价值，所以这是判定黄龙玉品质的一种重要标准。（如图24-3）

2. 水

实际上就是指玉石的透明
度，水好的黄龙玉也称水头长
或水头足，不好的称为水干。
其价值由水头好坏而定。（如
图24-4）

3. 色

这里色不仅仅指黄龙玉
的颜色，也指色彩的饱和度。
黄龙玉以黄色调为主，同时拥
有多种色系，它的颜色应以浓
（浓郁）、阳（鲜明）、正
（纯正）、和（柔和）为准。
色彩分淡黄色-金黄色-橙红
色-橘红色-鸽血红等，这些
颜色的色调都是暖色调中最活
跃、最兴旺、最尊贵而具有生
命力和感染力的吉祥之色，这
是"黄龙玉"备受青睐的第一
要素。（如图24-5）

4. 净

一般来说宝石玉器都
有净度标准，净度指玉石内
所含有的杂质及棉的多少，
天然的玉石，质地特别纯的
极少，而大多数都含杂质。
（如图24-6）

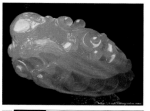

图24-3　　　种好的黄龙玉

图24-4　　　水头好的黄龙玉

图24-5　　　颜色好的黄龙玉

图24-6　　　净度高的黄龙玉

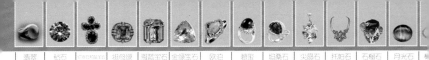

硅化木

　　她是一棵树的生死轮回。

　　几千甚至上万年前，生长在土地里的植物，在风中歌唱，在雨中跳舞。后来她躺进泥土的怀里，闭目静待时间从她身上流淌逝去，日月从她头顶漫步而过。再后来，她重新苏醒，将自己呈现到世人面前。她如此沉静，却又精美绝伦，一出世便掳获了艳羡的目光。她继续唱歌，用自遥远时空而来的声音，向我们讲述着地球的变迁，大自然的故事。她仍旧跳舞，只是那样的舞蹈，多了几分历经沧海桑田的从容不迫，奇异的姿态、多彩的纹理，都是她尽情地表达。前世今生，轮回不止，她终于炼成一颗不死的灵魂，用永驻的美丽容颜，包裹起佳木的宽阔厚道之心。

　　人们称她硅化木，又称木化石、树化玉或石树。因为她仍然拥有树的外貌，然而质地却是光洁的石。她具有极高的审美价值，其"韵、质、形、纹、色"之特别，值得人们反

复品赏：形似木而非木，似玉而非玉；色泽异彩斑斓，气象万千；质同琉璃溢彩，温润腻手；品性宽厚坚韧，质朴怡淡。原石保持了树木大部分的外形，皮痕、树结、年轮及虫洞等生物特征明显，记录了她前世的模样，也再现了大自然与时间合作的巧夺天工之手笔。人们在把玩鉴赏她的同时，不禁想象飞驰、心旷神怡。

国人对硅化木的喜爱由来已久，公认其具有"天地归形之物"之异灵性。《礼记》云："凛气归于天，形魄归于地"，说她乃聚天地之灵气、化日月之光华而成。

她以自己独特的气质备受历朝历代皇宫贵族、达官显贵及文人墨客的青睐。人们以其聚天地气的灵性尊其为"祥宝"，认为她是吸收了天地正气，具有驱邪镇

▷ 图25-1　　　　　　　　　硅化木

妖之功能。所以她曾作为镇宅、镇店之宝而被人们广泛收藏。后来在此基础上延伸出更多的内涵来，其中的"官无树玉不亨通，店有祥石乃兴旺"之说，使她被授予了"官运亨通发财木"的美称。

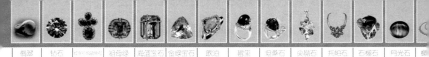
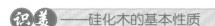

识美——硅化木的基本性质

矿物名称	化学成分	颜　色	光　泽	透明度
石英	石英	棕色、黄褐色、乳白色等	玻璃光泽至蜡状光泽	不透明

折射率	相对密度（g/cm³）	硬　度	放大观察
点测1.54	2.64	7	纤维状构造

鉴美——硅化木的简易鉴定方法

　　硅化木是几百万年或更早以前的树木被迅速埋葬地下后，木质中的碳被地下水中的SiO_2（二氧化硅）替换而成的树木化石。它保留了树木的木质结构和纹理。颜色为土黄、淡黄、黄褐、红褐、灰白、灰黑等，抛光面可具玻璃光泽，不透明或微透明。

　　1. 独特的树木纹理。

　　2. 细腻的玉质结构。

　　3. 颜色的组合。

　　4. 透明度一般介于半透明和透明之间。

藏美——硅化木的选购

　　1. 种

　　就是质地、结构的总称，是评判硅化木品级的基本要素。种好，就是指质地细腻、结构紧密、抛光度好。

　　2. 水

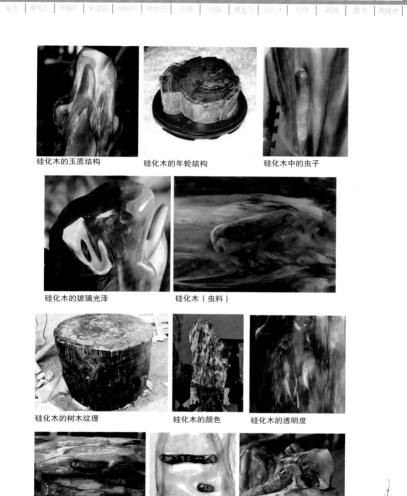

硅化木的玉质结构　　　　　硅化木的年轮结构　　　　　硅化木中的虫子

硅化木的玻璃光泽　　　　　硅化木（虫料）

硅化木的树木纹理　　　　　硅化木的颜色　　　　硅化木的透明度

虫蛀"硅化木"

图25-2　　　　　　　　　　　　　　　　　　　　硅化木的鉴定特征

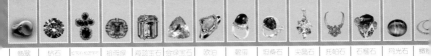
指的是透明度，也称水头。透明度好的硅化木也称水头长或水头足。

3. 色

指的是色种、色质。色度即颜色的饱和度和均匀度。颜色越浓郁越纯正均匀的硅化木具有更高的品质。

4. 形

形态、造型，即指具有摆件大小的"硅化木"的造型。硅化木的造型具有造型奇妙、奇特、奇美、天然成趣的特点。硅化木造型种类繁多，有节节高的、镂空的、象形的、山形的、长圆柱形的、扁薄形的、长方条形的、胖块状的、短圆柱形等等。其中以圆形"硅化木"外围有一节一节很大的突出，即保留树木原来的分权为好，又称节节高。

5. 纹

木质纹理、花纹。凡是比较大型的"硅化木"块体，必须要有年轮才能体现其价值，如果其年轮缺失而仅仅残存一些树木纤维结构，其价值对比同等玉质、同等颜色的带有年轮的是相差很多的。

6. 虫

带有蛀洞的"硅化木"其在艺术价值和科研价值方面都有独特的价值。有蛀洞的"硅化木"稀少，是因为其在"硅化木"形成之初，被虫蛀的部分的树木结构已经损坏，在形成"硅化木"的时候，在虫蛀的地方硅化程度一般较低，容易形成粉末，所以有一些还依稀可见当年虫咬出的蛀粉。蛀洞为"硅化木"的艺术价值、科考价值增分不少，并且让其市场价值有了很大的提高。

珍珠

珍珠有天然与人工养殖之分。天然珍珠可形成于海水、湖水、河流等适合其生长的各种环境，但十分稀少，价格昂贵。人工养殖珍珠是在自然环境中，于人工培养的珠蚌中人为插入珠核或异物，经过培养，逐渐形成珍珠。目前的市场上，大部分都是后者。以珍珠产地之异，又可分为东珠、南洋珠、日本珠、大溪地珠、琵琶珠、南珠或合浦珍珠等。其中的南洋珠一般指产于南海一带（包括缅甸、菲律宾和澳大利亚等地）的珍珠，特点是粒径大、形圆、珠层厚、颜色白、光泽明亮，属名贵品种。

古代有许多言及珍珠的诗句，虽然角度千百种，但大都围绕着珍珠与女子而展开，珍珠在女子娇媚的姿态里绽放光芒，女子则因珍珠而更加明艳动人。有"映帘十二挂珍珠，燕子时来去"，"今夜是重阳，不卷珍珠，阵阵西风透"，"珍珠无价玉无瑕，小字贪看问妾家"……

最爱"香风间旋众彩随，联联珍珠贯长丝"。在串串珍珠饰品的闪烁光芒和清脆碰击声中，汉朝美人赵飞燕踏歌

图26-1　　　　　　　　珍珠胸针

图26-2　　　　　　　　珍珠

起舞，香气随着她旋转的彩裙翻飞，何等的倾城倾国。而另一首诗中"长门自是无梳洗，何必珍珠慰寂寥"，珍珠幽幽的光晕中，是唐朝的梅妃因唐玄宗独宠杨贵妃而被冷落的后宫哀怨。冷宫中的妃嫔，没有谁会来看，当然也就不必精心梳洗打扮，寂寥冷清，要漂亮的珍珠何用呢？同样都是宫廷生活，同样都是美色出类拔萃的妃嫔，但珍珠却折射出了她们不同的际遇和感情。

珍珠、美人与诗，多么浪漫的事。

识美——珍珠的基本性质

矿物名称	化学成分	颜色	光泽	透明度
珍珠	有机成分：C、H化合物 无机成分：CaCO₃	无色至浅黄色、粉红色、浅绿色、浅蓝色、黑色等	珍珠光泽	不透明

156

折射率	相对密度（g/cm³）	硬　度	放大观察
1.530~ 1.685	海水：2.61~2.85 淡水：2.66~2.78	2.5~4.5	同心放射层状结构，表面生长纹理

——珍珠的简易鉴定方法

1. 显微放大特征
叠瓦状构造（如图26-3）。

2. 光泽
典型的珍珠光泽（如图26-4）。

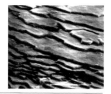

图26-3　　珍珠的"等高线状"纹理（"叠瓦状"构造）

图26-4　　珍珠

3. 手触有凉感，牙咬有砂感
珍珠的仿制品主要有塑料珠、玻璃珠和贝壳珠。这些仿制品都不具备叠瓦状构造，牙咬也无砂感，可以此来

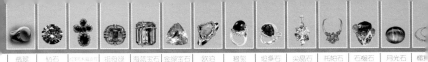
鉴别。

　　珍珠的优化处理方法主要有漂白、染色及辐照处理。其中染色处理的珍珠可以通过观察表面凹坑处以及孔中是否有染料来进行初步鉴别。而漂白、辐照处理的鉴别则需在实验室中进行。

藏美——珍珠的选购

　　在珍珠的选购过程中，要从珍珠的大小、颜色、形状、光泽、光洁度、珠层厚度以及匹配度几个方面考虑。

1. 大小

　　民间有"七珠八宝"的说法，即8毫米以上的珍珠就算是宝贝了。后来，引进了三角帆蚌，养殖周期从一年延长到四五年，出产的珍珠比以往大多了，圆多了。现在，10毫米以上的珍珠不在少数，12毫米以上高档珍珠的产出比例超过10%。

2. 颜色

　　珍珠的颜色除了常见的白色，还有黑色、奶色、亮黄色、亮玫瑰色、粉色等其他色泽，其中以白色稍带玫瑰红色为最佳，以蓝黑色带金属光泽为特佳。黑珍珠以其美丽和稀有而著称于世，称其为"黑"珍珠很容易使人产生误解，其实她的本来面目是银色或银灰色，同时会放射出蓝绿色或古铜色的晕彩。

3. 形状

　　珍珠的形状以正圆为佳。当然，某些异形珠配以独特的设计，也能展现其个性魅力。

4. 光泽

珍珠独特的美很大部分归功于它的光泽，珍珠光泽比较柔和，给人以含蓄、高雅、朦胧、柔和的美感。光泽差的珍珠看上去黯淡无光，伴色和晕彩不明显。

5. 光洁度

珍珠要选择表面光滑细腻，肉眼难以观察到瑕疵者。

6. 珠层厚度

一般而言，珍珠质层越多，珠层越厚，文石排列有序度越高，则珍珠光泽越强，珍珠表面更显圆润。

7. 匹配度

每件饰品中的珍珠形状、光泽、光洁度等因素应统一，颜色、大小应和谐有美感或呈渐进式变化。眼孔居中且直，光洁无毛边。

图26-5

珍珠

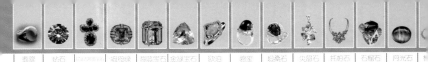

珊 瑚

　　珊瑚是珊瑚虫分泌的产物。珊瑚属于腔肠动物门，其外形多种多样，有单体，有群体。在有性繁殖时产生的幼虫可以在海水中自由游泳，到成年期，便固定在海底岩石上或早期的骨骼上，无性繁殖为出芽生殖的方式，一代一代的珊瑚虫生活在一起形成群体。珊瑚虫在生长过程中分泌钙质的骨骼，每个个体又以共同的骨骼相连，呈树枝状、扇状或块状等不同形态。绝大多数的珊瑚生活在热带或亚热带的浅海中，可形成珊瑚礁，这类珊瑚骨骼疏松，不能用于宝石材料。而能作宝石的红珊瑚生活在较深（100～300m）的海床上，呈群体产出，但不形成生物礁，它的骨骼致密坚硬。

图27-1　　　　　　　珊瑚树

图27-2　清朝珊瑚朝珠

　　珊瑚是年代古老的动物，是天然的艺术品，更是一座记录地质历史的时钟。珊瑚是吸收大海的精华凝聚而成的海之瑰宝。火树风来翻绛艳，琼枝日出晒红纱。珊瑚以其婀娜多姿的形态虏获世人的爱恋。许多国家更是把珊瑚视作圣物寓意吉祥。如罗马，人们把珊瑚做成的饰品挂在

小孩脖子上，以保护他们免受危险；在意大利，则流行用珊瑚做成辟邪的护身符；日本则将珊瑚与珍珠、茶道、花道并称四大国粹；法国罗浮宫亦珍藏许多珊瑚珍品；在我国，珊瑚更是身份与地位的象征。珊瑚在汉代名为"绛火树"，取其形如树，色如火（如图27-1）。明代又以"琅玕"称之。清朝，二品以上的官员上朝穿戴的帽顶及朝珠由珊瑚制成（如图27-2）。

珊瑚又有着强烈的宗教色彩。信奉佛教的人相信红色的珊瑚是如来的化身。在我国西藏，珊瑚是最流行的宝石之一。教徒们用珊瑚制成神像、佛珠等，用来装饰寺庙和作为布道的礼皿。西藏的喇嘛高僧多持珊瑚念珠；阿拉伯人将珊瑚视为避邪之物。人们将许多美好的祝愿寄于珊瑚，希望能得到神灵的庇护。

珊瑚主要产于太平洋西海岸的日本、中国台湾、琉球、南沙群岛等；

图27-3　　　　　　　红珊瑚的颜色

地中海的意大利、阿尔及利亚、突尼斯、西班牙、法国等国家；以及美国夏威夷北部中途岛附近的海区。

识美——珍珠的基本性质

矿物名称	化学成分	颜色	光泽	透明度
珊瑚	红珊瑚为钙质型珊瑚，主要由无机成分（$CaCO_3$）、有机成分和水组成	常见有白色、奶油色、浅粉红色至深红色、橙色等（如图27-3）	蜡状光泽	微透明至不透明

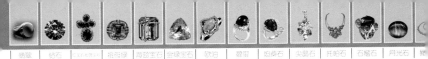

折射率	相对密度 （g/cm³）	硬　度	放大观察
点测1.65	2.65	3.5	在纵截面上具有珊瑚虫腔体，表现为颜色和透明度稍有变化的平行波状条纹，在横截面上呈放射状、同心圆状结构。表面有小孔

珊瑚的种类：

1. 根据成分与颜色，珊瑚可分为两大类五个品种

一类是主要成分为碳酸钙、仅含极少量有机质的钙质型珊瑚，如常见的红珊瑚、白珊瑚和蓝珊瑚；另一类是主要成分为有机质的角质型珊瑚，如金珊瑚与黑珊瑚。其中红珊瑚是最主要的品种，其颜色由深至浅，有艳红色、深红色、玫瑰红色、桃红色及粉红色。艳红色如同"辣椒红"，是珊瑚中最珍贵的品种；深红色如同"牛血红"，是西方国家珍爱的品种；桃红色珊瑚中有一种名为"Angel Skin"（天使的皮肤）的浅粉色珊瑚，产量十分稀少，价格颇为昂贵（如图27-4）。

图27-4　　　　　　　　　　珊瑚饰品（从左至右辣椒红，牛血红，浅粉色）

2. 目前国内红珊瑚原料分为三种

  （1）阿卡料:：辣椒红色，质地细腻，虫眼少（如图
27-5）；

  （2）砂丁料：质地尚好，虫眼经充填（如图27-6）；

  （3）磨姆料：为粉红色（如图27-7）

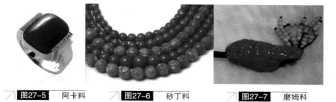

↗ **图27-5** 阿卡料 ↗ **图27-6** 砂丁料 ↗ **图27-7** 磨姆料

鉴美——红珊瑚的主要鉴定特征

  最为主要的鉴定特征就是珊瑚独特的结构。钙质型珊瑚在纵截面上具有珊瑚虫腔体，表现为颜色和透明度稍有变化的平行波状条纹，在横截面上呈放射状、同心圆状结构（如图27-8）。

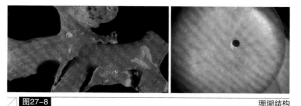

↗ **图27-8**   珊瑚结构

市场中常见经过人工处理的珊瑚：

1. 珊瑚染色

将白色珊瑚浸泡在红色或其它颜色的有机染料中染成相应的颜色。早期染色制品可用有机试剂检测其褪色现象

或放大观察染剂在缺陷处的富集现象，现代染色制品需进一步鉴别其有机染剂的成分（如图27-9）。染色珊瑚与天然呈色珊瑚价格悬殊极大，需仔细鉴别。

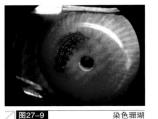

图27-9   染色珊瑚

2. 充填处理

用高分子聚合物充填多孔的劣质珊瑚。充填处理的珊瑚，密度低于正常珊瑚。热针实验有胶析出。

藏 美——红珊瑚的质量评价

珊瑚成品一般可据颜色分级。颜色越纯正越鲜艳，其价值越高。对于红色珊瑚，质量排列顺序为鲜红色、红色、暗红、玫瑰红、淡玫瑰红、橙红。白珊瑚则以纯白最佳。除看颜色外，珊瑚抛光后的光泽是否明亮，粒度大小，也是估价的因素。粒

图27-10   红珊瑚鼻烟壶

大、光泽强、结构致密者价格就高。不同质量，其价格相差较大（如图27-10）。

珊瑚的保养：

1. 红珊瑚易受酸腐蚀，佩戴时避免与酸性溶液接触；

2. 红珊瑚硬度小，应避免刻划；

3. 红珊瑚应远离高温。

象牙

　　象牙是一种极为珍贵的有机宝石，纯白洁净、温润柔和，散发着与其他任何一种宝石都不同的天然美感。她是为数不多的几种来自于动物的宝石之一，加之一段时间内象牙的过度采撷，使得大象的生存受到严重威胁，于是许多国家开始注重保护大象，禁止捕象和象牙贸易，就使得象牙更为稀有。

　　中国古代特别重视象牙，视之为财富和尊贵的象征。譬如秦朝的李斯在《谏逐客令书》中将"犀象之签"与"昆山之玉"、"明月之珠"、"夜光之璧"并列。又如古时尊者头下、腰间所置的殉葬品象牙琼、象牙管，士大夫佩带的象牙佩饰，皆是用以显示其身份的物件。人们也

图28-1　　　　　　　　　　象牙

用赠送象牙以表达自己对对方的高度尊重，如《战国·齐策》有"孟尝君出行，至楚，献象牙床"的记载，历史上将象牙作为国与国之间相互赠送的礼品，或作为珍贵贡品进献的文献记载不在少数。

《周礼》一书中对周朝的"八材"有这样的注解：珠曰切，象曰磋，玉曰琢，石曰磨，木曰刻，金曰镂，革曰剥，羽曰析。磋象即指象牙雕刻。民间对象牙的雕刻充分发挥了匠人们的技艺与灵感，是中国的艺术瑰宝。象牙雕刻艺术品，或玲珑剔透，或大气天成。或人物形象花鸟鱼虫雕之于上，栩栩如生；或亭台楼阁歌舞仪式雕之于上，巧夺天工；或奇山秀水野鹤闲樵雕

图28-2　　　　　　　　　　清朝的象牙艺术品

之于上，怡然爽朗；或传说典故神话故事雕之于上，古朴清雅。不论是陈列于皇族贵胄华厅丽堂内的大幅摆件，还是流落于草根民间闹市俗场的小型把玩件，象牙制品就如一件件人间尤物，丽质难掩，备受关注。

在历史书籍、典故、用途、诗词上，象牙皆给人以隆重、尊贵之印象，而又以一首江南小调所唱"象牙床挂红罗帐，珊瑚双枕绣鸳鸯"，向人们揭示了象牙的另一种姿态：新婚的洞房内，洁白的象牙床挂着红艳的罗帐，珊瑚枕头绣着鸳鸯的图案。唱着这样柔软的歌谣，憧憬着出嫁的那一天，年轻女子怀春的心思展露无遗，任谁听了都无法不心神荡漾。

识美——象牙的基本性质

名称	化学成分	颜　色	光　泽	透明度
象牙	主要为磷酸钙、胶原质和弹性蛋白	白色至淡黄、浅黄	油脂光泽至蜡状光泽	不透明
折射率	相对密度（g/cm³）	硬　度	放大观察	
1.535~1.540	1.70~2.00	2~3	"勒兹纹"波状结构纹	

象牙的种类

象牙有广义和狭义两种，狭义的象牙专指大象的长牙和牙齿，有非洲象牙和亚洲象牙之分，而广义的象牙是指包括象牙在内某些哺乳动物的牙齿，如河马、海象、一角鲸、疣猪和鲸等动物的牙。

狭义象牙品种作如下划分：

1. 非洲象牙

非洲公象、母象都有牙，也较长。普通的每支重约30千克，大的有80千克左右。非洲东部赤道一带所产母象之牙，长3米，为象牙之最长者。非洲象牙多呈淡黄色，质地细密，光泽好，硬度高，但在气温悬殊变化的情况下易产

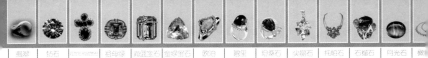
生裂纹。

2. 亚洲象牙

亚洲的母象不生牙，在斯里兰卡公象也不生牙，亚洲各地所产象牙的颜色比较白，但过段时间后会逐渐老化，色泽泛黄，光泽亦差，其牙质的硬度低于非洲象牙。

鉴美 ——象牙的简易鉴定方法

1. 勒兹纹（如图28-3）
2. 油脂光泽或蜡状光泽

象牙的仿制品主要有骨制品、植物象牙（如图28-4）和塑料。但三者都没有"勒兹纹"，可以通过此点进行鉴别。

象牙的优化处理主要有漂白、浸蜡、做旧，检验都需在实验室中进行。

图28-3　　　　　　　　　　　　　　　　　勒兹纹

图28-4　　　　　　　　　　　　　　　　　植物象牙

藏美 ——象牙的选购

象牙以材质硕大、质地细腻坚韧、表面光滑和油润、纹理线细密、色泽乳白者为佳。

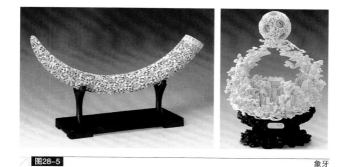

图28-5 象牙

黑曜岩

黑曜岩也被称为"阿帕奇之泪"，在印第安传说中，部落内的一支队伍中了敌人的埋伏，寡不敌众，全军覆没，噩耗传来，家人们痛哭的眼泪，撒落到地上，就变成了一颗颗黑色的小石头，"阿帕奇之泪"因此得名。

> **图29-1** 黑曜岩手链

黑曜岩起源于火山喷流出来的天然玻璃，它的成因是因为火山熔岩迅速地冷却凝结，晶体结构没有足够的时间成长。因为熔岩流外围冷却的速度最快，所以黑曜岩通常都是在熔岩流外围发现。黑曜岩是一种酸性玻璃质火山岩，成分与花岗岩相当。除含少量斑晶、雏晶外，几乎全由玻璃质组成。一般情况下黑曜岩都是黑得发亮的颜色，古代的人们利用黑曜岩当镜子，由于黑曜岩的断口常呈贝壳状且尖锐锋利，它也是古代人使用的石器。现代人们则利用黑曜岩制作一些装饰品，特别漂亮的黑曜岩还可成为较贵重的宝石。

识美——黑曜岩的基本性质

名称	化学成分	颜　色	光　泽	透明度
黑曜岩	SiO_2	通常呈黑色，但也可见棕色、灰色和少量的红色、蓝色和绿色	玻璃光泽	半透明至微透明

折射率	相对密度（g/cm^3）	硬　度	放大观察
点测 1.48～1.51	2.33～2.52	5	可见贝壳状断口，气泡

鉴美——黑曜岩的简易鉴定方法

黑曜岩为中低档宝石，市面上少有仿制品，其特征即黑色体色及明显的玻璃光泽。

藏美——黑曜岩的选购

黑曜岩通常呈黑色，但是也可见棕色、灰色和少量的红色、蓝色甚至绿色。也有可能是全部单色、或有条纹、或有斑点，其中一个品种常带有白色或其他杂色的斑块和条带，被称为"雪花黑曜岩"（如图29-2）。最有名的是有彩虹闪光的彩虹黑曜岩（如图29-3），并且有些条纹呈椭圆形状，就形成俗称的单眼黑曜岩或者是双眼黑曜岩了，而如果以价格来看，彩虹单眼黑曜岩及彩虹双眼黑曜岩是价格最高的，因为除了产量较为稀少之外，品相也相当的漂亮。

图29-2　雪花黑曜岩

图29-3　带有晕彩的黑曜岩

卷尾 JUANWEI

宝石集装饰和保值于一身，依据宝石品种和质量，其差价可达数倍至数千倍。如果在宝石贸易过程中对宝石的品种和质量在鉴别上稍有不慎，就会给买方造成经济上的巨大损失。为此，在天然宝石品种繁多，人造合成宝石和赝品充斥的市场，宝石鉴定便成为宝石贸易不可缺少的组成环节。

近年，关于珠宝玉石基础知识及鉴定的书很多，但多不方便携带。鉴于此，云南省珠宝玉石质量监督检验研究院基于对上千万件的珠宝样品检测取得的鉴定经验，特组织常年从事珠宝鉴定的专业技术人员编撰了《常见珠宝玉石简易鉴定手册》这本"口袋书"，供大家随身携带、学习参考。本书主要以突出常见的天然宝石、人造合成宝石、宝石赝品的肉眼鉴定和简单仪器验证，着力于用最新的理论和方法，阐明各种宝石识别特征的成因及本质上的差别，并用大量的彩色图片进行说明。图文并茂，让初学者容易入手。

本书由邓昆主编，王剑丽、白晨光、向永红、林宇菲、李贺、张汕汕、戴莹滢编写。由邓昆、王剑丽、林宇菲、李贺、戴莹滢校对、统编、定稿。书中部分图片由与省珠宝质检研究院长期合作的珠宝企业提供实物拍摄，在此表示衷心的感谢，特别感谢港邑珠宝对本书的编写提供帮助以及承担本书编写中部分图片拍摄工作的钟亚洁同志。

本书在编写过程中得到了昆明理工大学的关心、支持和帮助，在此表示感谢。